# 大连南部海域渔业资源环境分析与评价

冯　多　郑丽娜　主编

桑田成　张津源　庞洪帅

张建强　勾维民　周　玮　　副主编

U0195500

海洋出版社

2021年·北京

**图书在版编目（CIP）数据**

大连南部海域渔业资源环境分析与评价/冯多，郑丽娜主编 . —北京：海洋出版社，2020. 12

ISBN 978-7-5210-0734-3

Ⅰ.①大… Ⅱ.①冯… ②郑… Ⅲ.①海洋渔业–水产资源–海洋环境–研究–大连 Ⅳ.①S931②P71

中国版本图书馆 CIP 数据核字（2021）第 017092 号

责任编辑：常青青

责任印制：赵麟苏

海洋出版社 出版发行

http：//www.oceanpress.com.cn

北京市海淀区大慧寺路 8 号 邮编：100081

北京朝阳印刷厂有限责任公司印刷

2021 年 2 月第 1 版 2021 年 2 月北京第 1 次印刷

开本：787mm×1092mm 1/16 印张：12.5

字数：160 千字 定价：138.00 元

发行部：62132549 邮购部：68038093 总编室：62114335

海洋版图书印、装错误可随时退换

# 《大连南部海域渔业资源环境分析与评价》

# 编 委 会

# 目　录

# 第1章 概　况

## 1.1　背景

　　进入 21 世纪以来，国家宏观海洋经济战略的实施，为海水增养殖产业的发展带来了机遇和挑战：一是宏观海洋经济战略的实施要求海水增养殖业生产方式进行必要的调整，传统的生产方式暴露出许多不适应现代海洋开发理念和束缚海洋产业发展的问题；二是现代海水增养殖产业发展要求大连市海水增养殖产业进行生产方式的调整，通过海洋牧场建设实现海水增养殖产业的可持续发展；三是海水增养殖产业的可持续发展需要科学的调查、论证和规划作为保障。伴随着海水增养殖业的迅猛发展，水产养殖产业经历了减产、死亡、病害等各种生产问题，在对这些问题的研究过程中，人们发现目前水产养殖生产上存在着严重的盲目性。海洋渔业资源调查，是对水域中经济生物个体或群体的繁殖、生长、死亡、洄游、分布、数量、栖息环境、开发利用的前景和手段等的调查，是开展渔业捕捞和渔业资源管理的基础性工作。

## 1.2　由来

　　大连南部海域渔业资源环境普查是大连市首次组织的大规模渔业资源环境调查工作。本次调查是大连市渔业资源环境普查工作的Ⅰ期工程，覆盖面广、海域类型复杂、技术方法多样、考察指标全面，涉及大连市部分基层海洋渔业管理机构和渔业生产单位。

为全面贯彻《国务院关于促进海洋渔业持续健康发展的若干意见》（国发〔2013〕11号）以及《辽宁省人民政府关于促进辽宁海洋渔业持续健康发展的实施意见》（辽政发〔2013〕19号），大连市开展了本次渔业资源环境普查。普查不仅可以摸清大连南部海域渔业资源环境基本情况，同时通过构建大连海域渔业资源环境管理信息系统，推进大连市数字化渔业建设。

2015年12月30日至2017年11月，完成海域调查面积2 650 km²，调查内容涉及大连南部海域海洋水文、海水化学、海洋沉积物以及海洋生物资源共计54项调查指标。

# 第2章 渔业资源环境评价依据

## 2.1 法律法规

（1）《中华人民共和国海洋环境保护法》（2017年11月）。

（2）《中华人民共和国环境影响评价法》（2018年12月）。

## 2.2 技术导则与规范

（1）《近岸海域生态环境质量评价技术导则（征求意见稿）》（2015年10月）。

（2）《海洋沉积物质量综合评价技术规程（试行）》（2015年10月）。

（3）《环境影响评价技术导则 生态影响》（HJ 19—2011）。

（4）《环境影响评价技术导则 地表水环境（征求意见稿）》（2017年11月）。

（5）《海洋工程环境影响评价技术导则》（GB/T 19485—2014）。

（6）《海洋监测规范第7部分：近海污染生态调查和生物监测》（GB 17378.7—2007）。

## 2.3 标准

（1）《海水水质标准》（GB 3097—1997）。

（2）《海洋沉积物质量》标准（GB 18668—2002）。

## 2.4  其他依据

（1）《辽宁省海洋功能区划（2011—2020 年）》（2012 年 10 月）。

（2）《大连市海洋功能区划（2013—2020 年）》（2016 年 2 月）。

（3）《大连市近岸海域环境功能区划》（2018 年 7 月）。

（4）《关于大连市近岸海域环境功能区划调整的复函》（2016 年 5 月）。

# 第3章 调查站位及评价方法

大连南部海域地处黄海北部、辽东半岛南部，属于温带海洋性季风气候。该区域交通便利，环境优势明显，地处最繁华的中山区、西岗区、沙河口区、高新技术园区等中心市区，直临海岸。大连南部海域沿岸入海河流较多，海域饵料生物丰富，是众多海洋生物的产卵场和索饵场。其浓厚的渔文化底蕴为休闲渔业的发展提供了丰富的素材和深厚的内涵。

## 3.1 调查区域及站位设计

### 3.1.1 调查区域

根据项目需求，本次调查范围西起旅顺口区老铁山海域，东至中山区老虎滩海域，海域范围为 38.24°—38.86°N、121.12°—121.68°E 的大连市所辖南部海域。调查区域见图3-1。

### 3.1.2 站位设计

根据项目海区情况，本次调查设定 A、B、C 三种主要站位类型，各类型站位调查频次、站位数量及对应指标如下。

1. A 类站位

A 类站位设定调查频次1次，共设定14个站位，调查指标包括：

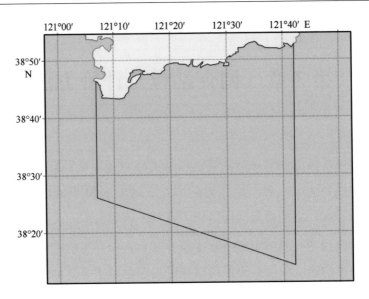

图 3-1 调查区域

海洋水文调查部分的水深；海水化学调查部分的有机碳、颗粒有机物与颗粒有机碳 3 项指标；海洋生物调查部分的渔业资源。

按夏、冬两季设定调查频次 2 次，共设定 14 个站位，调查指标为海洋生物调查部分的病原微生物。

按春、夏、秋三季设定调查频次 3 次，共设定 14 个站位，调查指标为海洋水文调查部分的水色。

按春、夏、秋、冬四季设定调查频次 4 次，共设定 14 个站位，调查指标包括：海洋水文调查部分的水温、盐度、pH、浊度和透明度 5 项指标；海水化学调查部分的化学需氧量、溶解氧、悬浮物、亚硝酸盐、硝酸盐、氨氮、活性硅酸盐、活性磷酸盐、总氮、总磷、石油类、汞、砷、铜、铅、镉、锌、总铬、六六六、滴滴涕和无机氮 21 项指标；海洋生物调查部分的叶绿素、浮游植物、浮游动物、海洋初级生产力及鱼类浮游生物 5 项指标。

A 类站位分布如图 3-2 所示，A 类站位坐标见表 3-1。

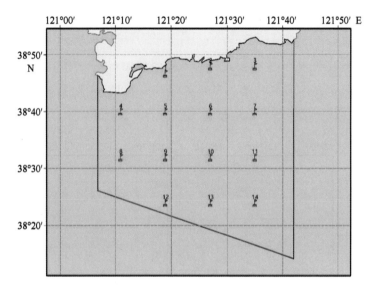

图 3-2　A 类站位分布

**表 3-1　A 类站位坐标**

| 站位号 | N (°) | E (°) | 站位号 | N (°) | E (°) |
|---|---|---|---|---|---|
| 1 | 38.778 611 1 | 121.316 666 | 8 | 38.533 327 | 121.183 333 |
| 2 | 38.799 999 | 121.449 997 | 9 | 38.533 327 | 121.316 665 |
| 3 | 38.799 999 | 121.583 329 | 10 | 38.533 327 | 121.449 997 |
| 4 | 38.666 663 | 121.183 333 | 11 | 38.533 327 | 121.583 329 |
| 5 | 38.666 663 | 121.316 665 | 12 | 38.399 991 | 121.316 665 |
| 6 | 38.666 663 | 121.449 997 | 13 | 38.399 991 | 121.449 997 |
| 7 | 38.666 663 | 121.583 329 | 14 | 38.399 991 | 121.583 329 |

2. B 类站位

B 类站位设定调查频次 1 次，设定 66 个站位，调查指标包括：海洋沉积物调查部分的有机碳、石油类、总氮、总磷、铜、铅、锌、镉、汞、砷、硫化物、多氯联苯、多环芳烃与有机质 14 项指标。B 类站位分布见图 3-3，B 类站位坐标见表 3-2。

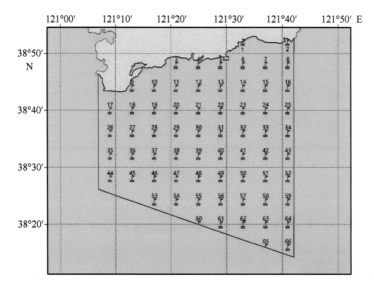

图 3-3　B 类站位分布

3. C 类站位

C 类站位设定调查频次 1 次，设定 154 个站位，调查指标包括：海洋沉积物调查部分的粒度组成与海洋生物调查中的大型底栖生物调查。C 类站位分布见图 3-4，C 类站位坐标见表 3-3。

表 3-2　B 类站位坐标

| 站位号 | N（°） | E（°） | 站位号 | N（°） | E（°） |
|---|---|---|---|---|---|
| 1 | 38.866 667 | 121.549 996 | 34 | 38.599 995 | 121.683 328 |
| 2 | 38.866 667 | 121.683 328 | 35 | 38.533 327 | 121.150 000 |
| 3 | 38.799 999 | 121.349 998 | 36 | 38.533 327 | 121.216 666 |
| 4 | 38.799 999 | 121.416 664 | 37 | 38.533 327 | 121.283 332 |
| 5 | 38.799 999 | 121.483 330 | 38 | 38.533 327 | 121.349 998 |
| 6 | 38.799 999 | 121.549 996 | 39 | 38.533 327 | 121.416 664 |
| 7 | 38.799 999 | 121.616 662 | 40 | 38.533 327 | 121.483 330 |
| 8 | 38.799 999 | 121.683 328 | 41 | 38.533 327 | 121.549 996 |
| 9 | 38.733 331 | 121.216 666 | 42 | 38.533 327 | 121.616 662 |
| 10 | 38.733 331 | 121.283 332 | 43 | 38.533 327 | 121.683 328 |
| 11 | 38.733 331 | 121.349 998 | 44 | 38.466 659 | 121.150 000 |
| 12 | 38.733 331 | 121.416 664 | 45 | 38.466 659 | 121.216 666 |
| 13 | 38.733 331 | 121.483 330 | 46 | 38.466 659 | 121.283 332 |
| 14 | 38.733 331 | 121.549 996 | 47 | 38.466 659 | 121.349 998 |
| 15 | 38.733 331 | 121.616 662 | 48 | 38.466 659 | 121.416 664 |
| 16 | 38.733 331 | 121.683 328 | 49 | 38.466 659 | 121.483 330 |
| 17 | 38.666 663 | 121.150 000 | 50 | 38.466 659 | 121.549 996 |
| 18 | 38.666 663 | 121.216 666 | 51 | 38.466 659 | 121.616 662 |
| 19 | 38.666 663 | 121.283 332 | 52 | 38.466 659 | 121.683 328 |
| 20 | 38.666 663 | 121.349 998 | 53 | 38.399 991 | 121.283 332 |
| 21 | 38.666 663 | 121.416 664 | 54 | 38.399 991 | 121.349 998 |
| 22 | 38.666 663 | 121.483 330 | 55 | 38.399 991 | 121.416 664 |
| 23 | 38.666 663 | 121.549 996 | 56 | 38.399 991 | 121.483 330 |
| 24 | 38.666 663 | 121.616 662 | 57 | 38.399 991 | 121.549 996 |
| 25 | 38.666 663 | 121.683 328 | 58 | 38.399 991 | 121.616 662 |
| 26 | 38.599 995 | 121.150 000 | 59 | 38.399 991 | 121.683 328 |
| 27 | 38.599 995 | 121.216 666 | 60 | 38.333 323 | 121.416 664 |
| 28 | 38.599 995 | 121.283 332 | 61 | 38.333 323 | 121.483 330 |
| 29 | 38.599 995 | 121.349 998 | 62 | 38.333 323 | 121.549 996 |
| 30 | 38.599 995 | 121.416 664 | 63 | 38.333 323 | 121.616 662 |
| 31 | 38.599 995 | 121.483 330 | 64 | 38.333 323 | 121.683 328 |
| 32 | 38.599 995 | 121.549 996 | 65 | 38.266 655 | 121.616 662 |
| 33 | 38.599 995 | 121.616 662 | 66 | 38.266 655 | 121.683 328 |

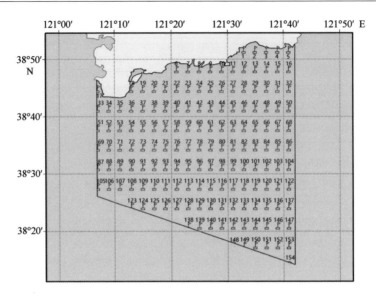

图 3-4　C 类站位分布

**表 3-3　C 类站位坐标**

| 站位号 | N (°) | E (°) | 站位号 | N (°) | E (°) |
|---|---|---|---|---|---|
| 1 | 38.860 833 | 121.549 996 | 15 | 38.804 010 | 121.649 995 |
| 2 | 38.860 833 | 121.583 329 | 16 | 38.804 010 | 121.683 328 |
| 3 | 38.860 833 | 121.616 662 | 17 | 38.747 187 | 121.116 667 |
| 4 | 38.860 833 | 121.649 995 | 18 | 38.747 187 | 121.216 666 |
| 5 | 38.860 833 | 121.683 328 | 19 | 38.747 187 | 121.249 999 |
| 6 | 38.804 010 | 121.349 998 | 20 | 38.747 187 | 121.283 332 |
| 7 | 38.804 010 | 121.383 331 | 21 | 38.747 187 | 121.316 665 |
| 8 | 38.804 010 | 121.416 664 | 22 | 38.747 187 | 121.349 998 |
| 9 | 38.804 010 | 121.449 997 | 23 | 38.747 187 | 121.383 331 |
| 10 | 38.804 010 | 121.483 330 | 24 | 38.747 187 | 121.416 664 |
| 11 | 38.804 010 | 121.516 663 | 25 | 38.747 187 | 121.449 997 |
| 12 | 38.804 010 | 121.549 996 | 26 | 38.747 187 | 121.483 330 |
| 13 | 38.804 010 | 121.583 329 | 27 | 38.747 187 | 121.516 663 |
| 14 | 38.804 010 | 121.616 662 | 28 | 38.747 187 | 121.549 996 |

| 站位号 | N（°） | E（°） | 站位号 | N（°） | E（°） |
|---|---|---|---|---|---|
| 29 | 38.747 187 | 121.583 329 | 58 | 38.633 540 | 121.349 998 |
| 30 | 38.747 187 | 121.616 662 | 59 | 38.633 540 | 121.383 331 |
| 31 | 38.747 187 | 121.649 995 | 60 | 38.633 540 | 121.416 664 |
| 32 | 38.747 187 | 121.683 328 | 61 | 38.633 540 | 121.449 997 |
| 33 | 38.690 363 | 121.116 667 | 62 | 38.633 540 | 121.483 330 |
| 34 | 38.690 363 | 121.150 000 | 63 | 38.633 540 | 121.516 663 |
| 35 | 38.690 363 | 121.183 333 | 64 | 38.633 540 | 121.549 996 |
| 36 | 38.690 363 | 121.216 666 | 65 | 38.633 540 | 121.583 329 |
| 37 | 38.690 363 | 121.249 999 | 66 | 38.633 540 | 121.616 662 |
| 38 | 38.690 363 | 121.283 332 | 67 | 38.633 540 | 121.649 995 |
| 39 | 38.690 363 | 121.316 665 | 68 | 38.633 540 | 121.683 328 |
| 40 | 38.690 363 | 121.349 998 | 69 | 38.576 717 | 121.116 667 |
| 41 | 38.690 363 | 121.383 331 | 70 | 38.576 717 | 121.150 000 |
| 42 | 38.690 363 | 121.416 664 | 71 | 38.576 717 | 121.183 333 |
| 43 | 38.690 363 | 121.449 997 | 72 | 38.576 717 | 121.216 666 |
| 44 | 38.690 363 | 121.483 333 | 73 | 38.576 717 | 121.249 999 |
| 45 | 38.690 363 | 121.516 663 | 74 | 38.576 717 | 121.283 332 |
| 46 | 38.690 363 | 121.549 996 | 75 | 38.576 717 | 121.316 665 |
| 47 | 38.690 363 | 121.583 329 | 76 | 38.576 717 | 121.349 998 |
| 48 | 38.690 363 | 121.616 662 | 77 | 38.576 717 | 121.383 331 |
| 49 | 38.690 363 | 121.649 995 | 78 | 38.576 717 | 121.416 664 |
| 50 | 38.690 363 | 121.683 328 | 79 | 38.576 717 | 121.449 997 |
| 51 | 38.633 540 | 121.116 667 | 80 | 38.576 717 | 121.483 333 |
| 52 | 38.633 540 | 121.150 000 | 81 | 38.576 717 | 121.516 663 |
| 53 | 38.633 540 | 121.183 333 | 82 | 38.576 717 | 121.549 996 |
| 54 | 38.633 540 | 121.216 666 | 83 | 38.576 717 | 121.583 329 |
| 55 | 38.633 540 | 121.249 999 | 84 | 38.576 717 | 121.616 662 |
| 56 | 38.633 540 | 121.283 332 | 85 | 38.576 717 | 121.649 995 |
| 57 | 38.633 540 | 121.316 665 | 86 | 38.576 717 | 121.683 328 |

| 站位号 | N（°） | E（°） | 站位号 | N（°） | E（°） |
|---|---|---|---|---|---|
| 87 | 38. 519 894 | 121. 116 667 | 116 | 38. 463 071 | 121. 483 330 |
| 88 | 38. 519 894 | 121. 150 000 | 117 | 38. 463 071 | 121. 516 663 |
| 89 | 38. 519 894 | 121. 183 333 | 118 | 38. 463 071 | 121. 549 996 |
| 90 | 38. 519 894 | 121. 216 666 | 119 | 38. 463 071 | 121. 583 329 |
| 91 | 38. 519 894 | 121. 249 999 | 120 | 38. 463 071 | 121. 616 662 |
| 92 | 38. 519 894 | 121. 283 332 | 121 | 38. 463 071 | 121. 649 995 |
| 93 | 38. 519 894 | 121. 316 665 | 122 | 38. 463 071 | 121. 683 328 |
| 94 | 38. 519 894 | 121. 349 998 | 123 | 38. 406 248 | 121. 216 666 |
| 95 | 38. 519 894 | 121. 383 331 | 124 | 38. 406 248 | 121. 249 999 |
| 96 | 38. 519 894 | 121. 416 664 | 125 | 38. 406 248 | 121. 283 332 |
| 97 | 38. 519 894 | 121. 449 997 | 126 | 38. 406 248 | 121. 316 665 |
| 98 | 38. 519 894 | 121. 483 330 | 127 | 38. 406 248 | 121. 349 998 |
| 99 | 38. 519 894 | 121. 516 663 | 128 | 38. 406 248 | 121. 383 331 |
| 100 | 38. 519 894 | 121. 549 996 | 129 | 38. 406 248 | 121. 416 664 |
| 101 | 38. 519 894 | 121. 583 329 | 130 | 38. 406 248 | 121. 449 997 |
| 102 | 38. 519 894 | 121. 616 662 | 131 | 38. 406 248 | 121. 483 330 |
| 103 | 38. 519 894 | 121. 649 995 | 132 | 38. 406 248 | 121. 516 663 |
| 104 | 38. 519 894 | 121. 683 328 | 133 | 38. 406 248 | 121. 549 996 |
| 105 | 38. 463 071 | 121. 116 667 | 134 | 38. 406 248 | 121. 583 329 |
| 106 | 38. 463 071 | 121. 150 000 | 135 | 38. 406 248 | 121. 616 662 |
| 107 | 38. 463 071 | 121. 183 333 | 136 | 38. 406 248 | 121. 649 995 |
| 108 | 38. 463 071 | 121. 216 666 | 137 | 38. 406 248 | 121. 683 328 |
| 109 | 38. 463 071 | 121. 249 999 | 138 | 38. 349 428 | 121. 383 331 |
| 110 | 38. 463 071 | 121. 283 332 | 139 | 38. 349 424 | 121. 416 664 |
| 111 | 38. 463 071 | 121. 316 665 | 140 | 38. 349 424 | 121. 449 997 |
| 112 | 38. 463 071 | 121. 349 998 | 141 | 38. 349 424 | 121. 483 330 |
| 113 | 38. 463 071 | 121. 383 331 | 142 | 38. 349 424 | 121. 516 663 |
| 114 | 38. 463 071 | 121. 416 664 | 143 | 38. 349 424 | 121. 549 996 |
| 115 | 38. 463 071 | 121. 449 997 | 144 | 38. 349 424 | 121. 583 329 |

续表

| 站位号 | N (°) | E (°) | 站位号 | N (°) | E (°) |
|---|---|---|---|---|---|
| 145 | 38. 349 424 | 121. 616 662 | 150 | 38. 292 601 | 121. 583 329 |
| 146 | 38. 349 424 | 121. 649 995 | 151 | 38. 292 601 | 121. 616 662 |
| 147 | 38. 349 424 | 121. 683 328 | 152 | 38. 292 601 | 121. 649 995 |
| 148 | 38. 292 601 | 121. 516 663 | 153 | 38. 292 601 | 121. 683 328 |
| 149 | 38. 292 601 | 121. 549 996 | 154 | 38. 235 778 | 121. 683 328 |

## 3.2 评价方法

### 3.2.1 海洋水文环境评价方法

1. 评价因子

海洋水文环境评价因子主要有水深、水色、水温、盐度、pH、浊度和透明度。

2. 评价方法

主要选择水深、水色、水温、盐度、pH、浊度和透明度作为海洋水文环境评价因子，根据《海洋监测规范》中的各监测方法对上述几种评价因子的变化情况进行定性分析。

### 3.2.2 海水化学指标评价方法

本研究在大连南部海域共布设 14 个站位，其中 1 号和 2 号站位是特殊功能区，3 号站位是海洋保护区，其他站位是保留区。

## 1. 评价因子

评价因子为 pH、悬浮物、溶解氧、化学需氧量、无机氮、活性磷酸盐、汞、砷、铜、铅、镉、锌、铬、石油类、六六六、滴滴涕、总氮、总磷、亚硝酸盐、硝酸盐、氨氮、活性硅酸盐、有机碳、颗粒有机物、颗粒有机碳。

## 2. 评价标准

大连南部海域渔业资源环境综合评价中水文环境评价选取的标准为《海水水质标准》（GB 3097—1997），该标准中按照海域的不同使用功能和保护目标，将海水水质分为四类：

第一类，适用于海洋渔业水域，海上自然保护区和珍稀濒危海洋生物保护区。

第二类，适用于水产养殖区，海水浴场，人体直接接触海水的海上运动或娱乐区，以及与人类食用直接有关的工业用水区。

第三类，适用于一般工业用水区，滨海风景旅游区。

第四类，适用于海洋港口水域，海洋开发作业区。

本研究海水化学指标共布设 14 个站位，其中 1 号和 2 号站位是特殊功能区，3 号站位是海洋保护区，其他站位是保留区。因此具体站位的评价标准为：

（1）3 号站位的海水化学指标采用《海水水质标准》（GB 3097—1997）中第一类标准对其环境质量进行评价，其他站位的海水化学指标也参照该标准进行评价，执行标准详见表 3-4。

表 3-4　海水水质标准　　　　　　　　　　　单位：mg/L

| 项目 | 第一类 | 第二类 | 第三类 | 第四类 |
|---|---|---|---|---|
| 色、臭、味 | 海水不得有异色、异臭、异味 | | | 海水不得有令人厌恶和感到不快的色、臭、味 |
| 水温（℃） | 人为造成的海水温升夏季不超过当时当地1℃，其他季节不超过2℃ | | 人为造成的海水温升不超过当时当地4℃ | |
| pH | 7.8～8.5，同时不超出该海域正常变动范围的0.2 pH单位 | | 6.8～8.8，同时不超出该海域正常变动范围的0.5 pH单位 | |
| 悬浮物质（SS） | 人为增加的量≤10 | | 人为增加的量≤100 | 人为增加的量≤150 |
| 溶解氧 | >6 | >5 | >4 | >3 |
| 化学需氧量 | ≤2 | ≤3 | ≤4 | ≤5 |
| 无机氮（以N计） | ≤0.20 | ≤0.30 | ≤0.40 | ≤0.50 |
| 活性磷酸盐（以P计） | ≤0.015 | ≤0.030 | | ≤0.045 |
| 汞 | ≤0.000 05 | ≤0.000 2 | | ≤0.000 5 |
| 镉 | ≤0.001 | ≤0.005 | | ≤0.010 |
| 总铬 | ≤0.05 | ≤0.10 | ≤0.20 | ≤0.50 |
| 铅 | ≤0.001 | ≤0.005 | ≤0.010 | ≤0.050 |
| 砷 | ≤0.020 | ≤0.030 | | ≤0.050 |
| 铜 | ≤0.005 | ≤0.010 | | ≤0.050 |
| 锌 | ≤0.020 | ≤0.050 | ≤0.10 | ≤0.50 |
| 石油类 | ≤0.05 | | ≤0.30 | ≤0.50 |
| 六六六 | ≤0.001 | ≤0.002 | ≤0.003 | ≤0.005 |
| 滴滴涕 | ≤0.000 05 | ≤0.000 1 | | |

注：参照该标准评价的因子为pH、悬浮物、溶解氧、化学需氧量、无机氮、活性磷酸盐、汞、砷、铜、铅、镉、锌、铬、石油类、六六六、滴滴涕，其余因子（总氮、总磷、亚硝酸盐、硝酸盐、氨氮、活性硅酸盐、有机碳、颗粒有机物、颗粒有机碳）该标准中无限值规定，只做变化趋势分析。

（2）1号和2号站位是特殊功能区，只参照《海水水质标准》限值进行对比，提出现状处于哪种水平，为未来产业发展等提供参考。

（3）其余站位是保留区，《辽宁省海洋功能区划》中规定：保留区应加强管理，严禁随意开发。确需改变海域自然属性进行开发利用的，应首先修改省级海洋功能区划，调整保留区的功能，并按程序报批。对区划实施前已改变海域自然属性的用海区域，进行开发利用要经过严格论证。保留区执行不劣于现状海水水质标准。因此保留区只做现状描述。

3. 评价方法

（1）pH、悬浮物、溶解氧、化学需氧量、无机氮、活性磷酸盐、汞、砷、铜、铅、镉、锌、铬、石油类、六六六、滴滴涕的评价采用单因子标准指数法进行评价。

pH 的标准指数 $SpH_j$：

$$SpH_j = （7.0-pH_j）／（7.0-pH_{sd}） \qquad pH_j \leqslant 7.0$$

$$SpH_j = （pH_j-7.0）／（pH_{su}-7.0） \qquad pH_j > 7.0$$

式中：$pH_j$——pH 实测值；

$pH_{sd}$，$pH_{su}$——海水水质标准中规定的 pH 的下限和上限。

溶解氧（DO）的标准指数 $SDO_j$：

$$SDO_j = |DO_f-DO_j|／（DO_f-DO_s） \qquad DO_j \geqslant DO_s$$

$$SDO_j = 10^{-9} \times DO_j／DO_s \qquad DO_j < DO_s$$

$$DO_f = 468／（31.6+T）$$

式中：$DO_f$——饱和溶解氧浓度（mg/L）；

$DO_j$——溶解氧实测值（mg/L）；

$DO_s$——溶解氧的海水水质标准（mg/L）。

其余因子的标准指数公式：

$$I_i = C_i / C_{io}$$

式中：$I_i$——某种污染物的评价指数，无量纲；

　　　$C_i$——某种污染物的实际监测浓度（mg/L）；

　　　$C_{io}$——某种污染物的海水环境标准浓度（mg/L）。

（2）总氮、总磷、亚硝酸盐、硝酸盐、氨氮、活性硅酸盐、有机碳、颗粒有机物和颗粒有机碳等只进行变化趋势及其与环境因子的相关性分析。

（3）营养状态水平。采用邹景忠等的营养状态指数法，对调查海域营养状况进行评价。其计算公式为

$$EI = COD \times DIN \times DIP / 4\ 500 \times 10^6 \geq 1$$

式中：EI——营养指数；

　　　DIN——无机氮含量（μg/L）；

　　　DIP——活性磷酸盐含量（μg/L）；

　　　COD——化学需氧量（mg/L）。

富营养化程度评价标准：EI<1，表示水体未达到富营养化状态；EI≥1，表示水体呈富营养化状态；EI 值越大，水体富营养化水平越高。

（4）有机污染综合指数。根据调查结果，采用有机污染综合指数法进行评价，其公式为

$$A = C_{COD} / C_{COD\,s} + C_{DIN} / C_{DIN\,s} + C_{DIP} / C_{DIP\,s} + C_{DO} / C_{DO\,s}$$

式中：$C_{COD}$——化学需氧量实测值（mg/L）；

　　　$C_{DIN}$——无机氮实测值（mg/L）；

　　　$C_{DIP}$——活性磷酸盐实测值（mg/L）；

　　　$C_{DO}$——溶解氧实测值（mg/L）；

　　　$C_{COD\,s}$——化学需氧量评价标准值；

$C_{DINs}$——无机氮评价标准值；

$C_{DIPs}$——活性磷酸盐评价标准值；

$C_{DOs}$——溶解氧评价标准值。

$C_{COSs}$、$C_{DINs}$、$C_{DIPs}$、$C_{DOs}$ 分别对应要素《海水水质标准》中第一类海水水质标准。

有机污染水平分级见表3-5。

表3-5 有机污染水平分级

| A 值 | 有机污染物程度分级 | 水质质量评价 |
| --- | --- | --- |
| <0 | 0 | 良好 |
| 0~1 | 1 | 较好 |
| 1~2 | 2 | 开始污染 |
| 2~3 | 3 | 轻度污染 |
| 3~4 | 4 | 中度污染 |
| 4~5 | 5 | 重度污染 |

（5）水环境质量综合评价。采用内梅罗指数法对水质污染情况进行综合评价，选取了pH、溶解氧、无机氮、活性磷酸盐、化学需氧量、石油类、铜、锌、铅、镉、汞、砷和铬共13项水质指标，参与水质综合评价。

$$I=\sqrt{\left[\left(P_i\right)_{max}^2+\left(P_i\right)_{ave}^2\right]/2}$$

式中：$I$——海域水环境综合质量指数；

$P_i$——$i$ 污染物的污染指数（单因子指数）；

$\left(P_i\right)_{max}$——参评污染物中最大污染物的污染指数；

$\left(P_i\right)_{ave}$——参评污染物的算术平均污染指数。

内梅罗指数污染等级划分见表3-6。

表 3-6　内梅罗指数污染等级划分

| 水质等级 | 1 | 2 | 3 | 4 | 5 |
|---|---|---|---|---|---|
| | 清洁 | 轻度污染 | 污染 | 重污染 | 恶性污染 |
| $P$ | $P<1$ | $1<P<2$ | $2<P<3$ | $3<P<5$ | $P>5$ |

### 3.2.3　海洋沉积物指标评价方法

1. 评价因子

本研究的评价因子选取所有监测因子进行评价，包括有机碳、石油类、铜、铅、锌、镉、汞、砷、硫化物、多氯联苯、总氮、总磷、多环芳烃和粒度组成。

2. 评价标准

海洋沉积物质量按照海域的不同使用功能和环境保护目标，分为三类：

第一类，适用于海洋渔业水域，海洋自然保护区，珍稀与濒危生物自然保护区，海水养殖区，海水浴场，人体直接接触沉积物的海上运动或娱乐区，与人类食用直接有关的工业用水区。

第二类，适用于一般工业用水区，滨海风景旅游区。

第三类，适用于海洋港口水域，特殊用途的海洋开发作业区。

海洋沉积物评价指标共布设 66 个站位，其中 5 号、10 号、11 号、12 号和 13 号站位为特殊功能区，1 号、2 号、3 号和 4 号站位为旅游区，其他站位是保留区。根据《海洋沉积物质量》标准（GB 18668—2002）分类，1 号、2 号、3 号和 4 号站位应执行第二类标准，5 号、10

号、11 号、12 号和 13 号站位为特殊功能区，其他站位是保留区，介于初步单因子指数评价，发现其各项化学指标均优于《海洋沉积物质量》标准的第二类标准限值，于是所有站位参照《海洋沉积物质量》标准第一类标准评价。具体评价标准见表 3-7。

表 3-7 海洋沉积物质量标准

| 监测项目 | 评价标准 | | |
| --- | --- | --- | --- |
| | 第一类 | 第二类 | 第三类 |
| 有机碳（$\times 10^{-2}$） | ≤2.0 | ≤3.0 | ≤4.0 |
| 石油类（$\times 10^{-6}$） | ≤500.0 | ≤1 000.0 | ≤1 500.0 |
| 汞（$\times 10^{-6}$） | ≤0.20 | ≤0.50 | ≤1.00 |
| 铜（$\times 10^{-6}$） | ≤35.0 | ≤100.0 | ≤200.0 |
| 铅（$\times 10^{-6}$） | ≤60.0 | ≤130.0 | ≤250.0 |
| 镉（$\times 10^{-6}$） | ≤0.50 | ≤1.50 | ≤5.00 |
| 锌（$\times 10^{-6}$） | ≤150.0 | ≤350.0 | ≤600.0 |
| 砷（$\times 10^{-6}$） | ≤20.0 | ≤65.0 | ≤93.0 |
| 硫化物（$\times 10^{-6}$） | ≤300.0 | ≤500.0 | ≤600.0 |
| 多氯联苯（$\times 10^{-6}$） | ≤0.02 | ≤0.20 | ≤0.60 |

3. 评价方法

（1）对于有机碳、石油类、铜、铅、锌、镉、汞、砷、硫化物、多氯联苯采用单因子污染指数法评价，按下列公式进行计算

$$I_i = C_i / C_{io}$$

式中：$I_i$——某种污染物的评价指数，无量纲；

$\qquad C_i$——某种污染物的实际监测浓度；

$\qquad C_{io}$——某种污染物的环境标准浓度。

（2）对于总氮、总磷、有机质和多环芳烃只分析变化趋势。

（3）对于沉积物粒度只做分布分析。

（4）沉积物重金属污染评价。

本研究选用潜在生态危害指数法进行重金属生态危害评价。其计算公式为

$$E_r^i = T_r^i \times C_f^i$$

$$RI = \sum_i^n E_r^i = \sum_i^n (T_r^i \times C_f^i) = \sum_i^n \left( \frac{T_r^i \times C_s^i}{C_n^i} \right)$$

式中：$RI$——所有重金属的潜在生态风险指数；

　　　$E_r^i$——金属 $i$ 的潜在生态风险系数；

　　　$T_r^i$——重金属毒性响应系数，反映重金属的毒性水平及生物对重金属污染的敏感程度，分别为铜＝5、锌＝1、铅＝5、镉＝30、汞＝40、砷＝10；

　　　$C_f^i$——重金属富集系数。

其中，$C_f^i = C_s^i / C_n^i$

式中：$C_s^i$——表层沉积物中重金属浓度实测值（μg/g）；

　　　$C_n^i$——所需背景值。本研究采用现代工业化前沉积物中重金属的正常最高背景值见表3-8。具体重金属潜在生态风险评价等级见表3-8和表3-9。

表3-8　重金属含量背景值

| 地区 | 铜 | 锌 | 铅 | 镉 | 汞 | 砷 | 文献 |
|---|---|---|---|---|---|---|---|
| 全球工业化前 | 30 | 25 | 80 | 0.5 | 0.2 | 15 | Hakanson，1980 |

表 3-9　评价指标与污染程度和潜在生态风险程度的关系

| $C_f^i$ | 单因子污染程度 | $E_r^i$ | 单因子生态风险 |
|---------|----------------|---------|----------------|
| <1 | 低 | <40 | 低 |
| 1~3 | 中 | 40~80 | 中 |
| 3~6 | 高 | 80~160 | 高 |
| ≥6 | 严重 | 160~320 | 严重 |
| | | ≥320 | 很严重 |

### 3.2.4　海洋生物资源评价方法

#### 1. 评价因子

评价因子有叶绿素、初级生产力、浮游植物、浮游动物、鱼类浮游生物、病原微生物、渔业资源和底栖生物。

#### 2. 评价标准

按照陈清潮等（1994）提出的生物多样性阈值评价标准进行浮游动植物生物多样性评价，其评价标准见表 3-10。

表 3-10　生物多样性阈值评价标准

| 评价等级 | Ⅰ | Ⅱ | Ⅲ | Ⅳ | Ⅴ |
|----------|-----|-----|-----|-----|-----|
| 阈值 | <0.6 | 0.6~1.5 | 1.6~2.5 | 2.6~3.5 | >3.5 |
| 分级描述 | 差 | 一般 | 较好 | 丰富 | 非常丰富 |

#### 3. 评价方法

依据《海洋监测规范第 7 部分：近海污染生态调查和生物监测》（GB 17378.7—2007）附录 B "污染生态调查资料常用评述方法" 中的方法，进行如下参数统计。

（1）多样性指数。

$$H' = - \sum_{i=1}^{n} P_i \log_2 P_i$$

式中：$H'$——种类多样性指数；

$n$——样品中的种类总数；

$P_i$——第 $i$ 种的个体数（$n_i$）与总个体数（$N$）的比值$\left( \dfrac{n_i}{N} 或 \dfrac{w_i}{W} \right)$。

（2）均匀度。

$$J = \frac{H'}{H_{\max}}$$

式中：$J$——均匀度；

$H'$——种类多样性指数值；

$H_{\max}$——$\log_2 S$，表示多样性指数的最大值，$S$ 为样品中总种类数。

（3）丰度。

$$d = \frac{S - 1}{\log_2 N}$$

式中：$d$——丰度；

$S$——样品中的种类总数；

$N$——样品中的生物总个体数。

（4）海洋生物优势种的优势度有多种方法表示，这里用整个海区的优势度来计算，其计算公式为

$$Y = \frac{n_i}{N} f_i$$

式中：$n_i$——第 $i$ 种的数量；

$f_i$——该种在各站位出现的频率；

$N$——群落中所有种的数量。

其中，$Y \geq 0.02$ 的判定为该区域的优势种。

### 3.2.5 海洋沉积物综合评价方法

1. 评价标准

《海洋沉积物质量》标准（GB 18668—2002），详见表3-7。

2. 评价方法

（1）分级方法。评价指标的含量优于 GB 18668—2002 第一类标准值，则该指标分级为良好；评价指标的含量界于第一类和第三类标准值之间，则该指标分级为一般；评价指标的含量劣于第三类标准值，则该指标分级为较差。各评价指标的分级标准见表3-11。

**表3-11　评价沉积物质量各项指标的分级标准**

| 分项指标 | | 良好 | 一般 | 较差 |
|---|---|---|---|---|
| 一般污染指标 | 汞 | ≤0.20 | 0.20~1.00 | >1.00 |
| | 镉 | ≤0.50 | 0.50~5.00 | >5.00 |
| | 铅 | ≤60.0 | 60.0~250.0 | >250.0 |
| | 铜 | ≤35.0 | 35.0~200.0 | >200.0 |
| | 锌 | ≤150.0 | 150.0~600.0 | >600.0 |
| | 铬 | ≤80.0 | 80.0~270.0 | >270.0 |
| | 砷 | ≤20.0 | 20.0~93.0 | >93.0 |
| | 石油类 | ≤500.0 | 500.0~1 500.0 | >1 500.0 |
| | 六六六 | ≤0.50 | 0.50~1.50 | >1.50 |
| | 滴滴涕 | ≤0.02 | 0.02~0.10 | >0.10 |
| | 多氯联苯 | ≤0.02 | 0.02~0.60 | >0.60 |
| 理化性质指标 | 有机碳① | ≤2.0 | 2.0~4.0 | >4.0 |
| | 硫化物 | ≤300.0 | 300.0~600.0 | >600.0 |

注：① 有机碳的单位为 $\times 10^{-2}$，其余各要素的单位为 $\times 10^{-6}$。

（2）单站位单项指标质量分级。按表 3-11 规定的分级标准，对单站位的各项评价指标进行等级划分。

（3）单站位沉积物质量分级。

理化性质指标质量分级：按表 3-12 要求的分级原则，对单个站位沉积物的理化性质指标进行质量分级。

**表 3-12　单个站位沉积物的理化性质指标质量分级原则**

| 等级 | 分级标准 |
|------|----------|
| 良好 | 至少一项指标为良好，另一项不为较差 |
| 一般 | 一项指标为较差或者两项指标为一般 |
| 较差 | 两项指标均为较差 |

一般污染指标质量分级：按表 3-13 要求的分级原则，对单个站位沉积物的一般污染指标进行质量分级。

**表 3-13　单个站位沉积物的一般污染指标质量分级原则**

| 等级 | 分级原则 |
|------|----------|
| 良好 | 最多一项指标为一般，没有一项指标为较差 |
| 一般 | 一项以上指标为一般，没有一项指标为较差 |
| 较差 | 有一项或更多项指标为较差 |

注：至少 6 项指标参与评价，如果小于 6 项指标应不给出评价结论。

单个站位沉积物质量分级：在单个站位沉积物理化性质指标和一般污染指标的分级基础上，按表 3-14 要求的分级原则，对单个站位的沉积物质量进行分级。

表 3-14 单个站位的沉积物质量分级原则

| 等级 | 分级标准 |
|------|----------|
| 良好 | 一般污染指标为良好，理化性质指标不为较差 |
| 一般 | 一般污染指标为一般，理化性质指标不为较差 |
| 较差 | 一般污染指标或理化性质指标为较差 |

区域沉积物质量综合评价：在单个站位的沉积物质量分级基础上，依据表 3-15 中规定的分级原则，评价区域沉积物质量综合等级。

表 3-15 区域沉积物综合质量分级原则

| 等级 | 分级原则 |
|------|----------|
| 良好 | 低于 5% 的站位的沉积物质量等级为较差，且不低于 70% 的站位的沉积物质量等级为良好 |
| 一般 | 5%~15% 的站位沉积物质量状况为较差；或低于 5% 的站位为较差且高于 30% 的站位沉积物质量状况为一般和较差 |
| 较差 | 15% 以上的站位的沉积物质量等级为较差 |

## 参考文献

陈清潮，黄良民，尹建强，等. 南沙群岛海区浮游动物多样性研究. 中国科学院南沙综合科学考察队. 南沙群岛及其邻近海区海洋生物多样性研究 I. 北京：海洋出版社，1994：42-50.

Hakanson Lars. An ecological risk index for aquatic pollution control. a sedimentological approach [J]. Water Research，1980.

# 第4章　海洋水文环境分析

## 4.1　海洋水文环境分析

本项目水文监测共布设 14 个站位，其中 1 号和 2 号站位是特殊功能区，3 号站位是海洋保护区，其他站位是保留区。

### 4.1.1　水深

所有监测站位的水深测值为 26~70 m，平均值为 51 m，1~14 号站位水深情况统计如图 4-1 和图 4-2 所示。

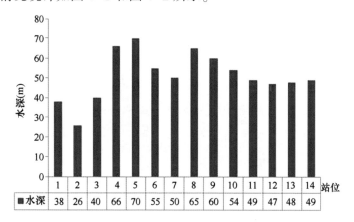

图 4-1　不同站位水深情况统计

由图 4-2 可见，本次调查海域水深变化在 20~29 m 区间的站位有 1 个，30~39 m 区间的站位有 1 个，40~49 m 区间的站位有 5 个，50~

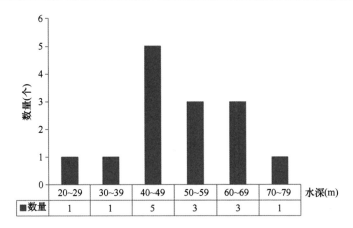

图 4-2　不同站位水深情况分布

59 m 区间的站位有 3 个，60~69 m 区间的站位有 3 个，70~79 m 区间的站位有 1 个，可见，本次调查所有站位中深度在 40~49 m 区间的站位最多，共有 5 个。

### 4.1.2　水色

春季水色测值为 3~5，平均值为 3.43；夏季水色测值为 3~5，平均值为 3.36；秋季水色测值为 4~12，平均值为 6；冬季没有进行水色监测。1~14 号站位水色随季节变化状况如图 4-3 所示。

由图 4-3 可见，水色随着春、夏、秋三个季节的变化有整体增加的趋势，水色值大多集中在 3~6 区间。

### 4.1.3　水温

春季表层水温测值为 10.9~13.1℃，平均值为 12.11℃，底层水温测值为 9.4~11.8℃，平均值为 10.88℃；夏季表层水温测值为 24.3~27.2℃，平均值为 25.36℃，底层水温测值为 24.2~26.4℃，平均值为 25.05℃；秋季表层水温测值为 16.4~17.6℃，平均值为 17.10℃，底层

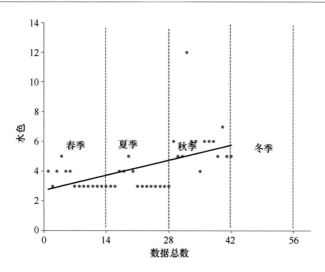

图 4-3　水色随季节变化状况

水温测值为 16.4~17.2℃，平均值为 16.78℃；冬季表层水温测值为 2.5~6.3℃，平均值为 4.14℃，底层水温测值为 2.3~6.8℃，平均值为 3.27℃。全年水温测值为 2.3~27.2℃，平均值为 4.31℃。1~14 号站位表、底层水温随季节变化分别如图 4-4 和图 4-5 所示。

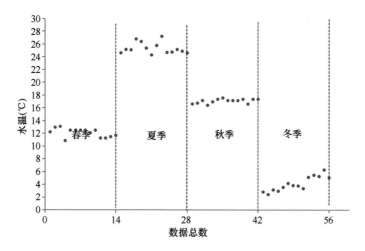

图 4-4　表层水温随季节变化状况

由图 4-4 可见，表层水温春季集中在 10~14℃区间，夏季集中在
24~28℃区间，秋季集中在 14~18℃区间，冬季集中在 2~6℃区间。

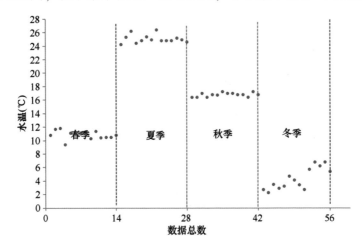

图 4-5　底层水温随季节变化状况

由图 4-5 可见，底层水温春季集中在 8~12℃区间，夏季集中在
24~28℃区间，秋季集中在 14~18℃区间，冬季集中在 2~6℃区间。

通过表、底层水温分布区间比较可以发现，春季表层与底层温度变
化明显，差异大致为 2℃，其他三个季节变化不大，基本在同一区间。

### 4.1.4　盐度

春季表层盐度测值为 31.831 5~32.436 5，平均值为 32.29，底层盐
度测值为 32.135~32.433，平均值为 32.30；夏季表层盐度测值为
31.407~32.561，平均值为 32.34，底层盐度测值为 32.144~32.439，
平均值为 32.36；秋季表层盐度测值为 31.939~32.379，平均值为
32.14，底层盐度测值为 31.745~32.144，平均值为 31.93；冬季表层盐
度测值为 32.236~32.441，平均值为 32.35，底层盐度测值为 32.304~

32.434，平均值为 32.35。全年盐度测值为 31.407～32.561，平均值为
32.26。1～14 号站位表、底层盐度随季节变化分别如图 4-6 和图 4-7
所示。

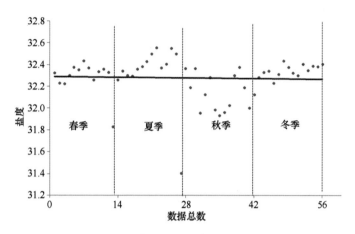

图 4-6　表层盐度随季节变化状况

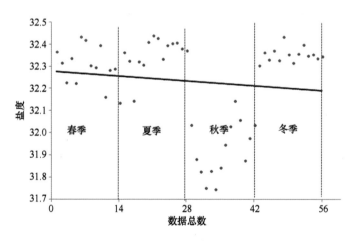

图 4-7　底层盐度随季节变化状况

由图 4-6 可见，表层盐度随着季节的变化略有下降的趋势，但不
是很明显，主要集中在 32～32.6 区间。

由图4-7可见，底层盐度随季节变化出现整体下降趋势，而且差异性很大，没有比较集中的区间。

通过表层和底层比较发现，底层盐度随着季节变化出现下降的趋势比表层盐度的下降趋势更为明显。

### 4.1.5 pH

春季表层 pH 值为 7.92~7.98，平均值为 7.95，底层 pH 值为 7.93~7.98，平均值为 7.96；夏季表层 pH 值为 7.92~7.99，平均值为 7.95，底层 pH 值为 7.91~7.99，平均值为 7.95；秋季表层 pH 值为 7.95~8.03，平均值为 8.00，底层 pH 值为 7.95~8.02，平均值为 7.99；冬季表层 pH 值为 7.94~8.02，平均值为 7.99，冬季底层没有实测 pH。各站位全年表、底层 pH 值为 7.91~8.03，pH 均优于《海水水质标准》第一类水质要求。1~14 号站位表、底层 pH 随季节变化分别如图 4-8 和图 4-9 所示。

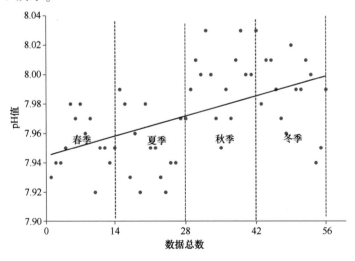

图 4-8 表层 pH 随季节变化状况

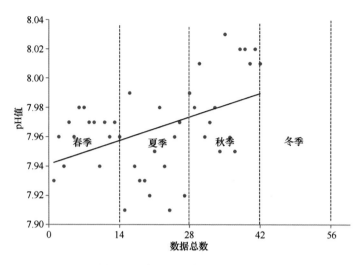

图 4-9　底层 pH 随季节变化状况

由图 4-8 可见，表层 pH 随着季节变化出现整体上升的趋势。

由图 4-9 可见，底层 pH 随着季节变化也出现整体上升的趋势。

### 4.1.6　浊度

春季表层浊度测值为 0.244~0.421，平均值为 0.32，底层浊度测值为 0.164~0.469，平均值为 0.33；夏季表层浊度测值为 0.243~0.421，平均值为 0.31，底层浊度测值为 0.165~0.47，平均值为 0.33；秋季表层浊度测值为 0.275~0.688，平均值为 0.39，底层浊度测值为 0.194~0.882，平均值为 0.64；冬季表层浊度测值为 0.436~1.03，平均值为 0.82，底层浊度没有监测。1~14 号站位表、底层浊度随季节变化分别如图 4-10 和图 4-11 所示。

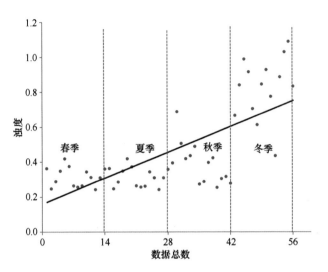

图 4-10　表层浊度随季节变化状况

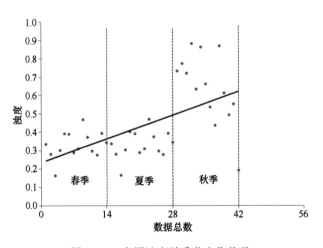

图 4-11　底层浊度随季节变化状况

由图 4-10 可见，表层浊度随季节变化出现整体上升趋势。

由图 4-11 可见，底层浊度随季节变化也出现整体上升趋势。

### 4.1.7　透明度

春季透明度测值为 4~7.5 m，平均值为 6.14 m；夏季透明度测值为 5~10.5 m，平均值为 7.8 m；秋季透明度测值为 5~9 m，平均值为 6.38 m；冬季透明度测值为 1.3~5 m，平均值为 3.44 m；全年透明度测值为 1.3~10.5 m，平均值为 5.94 m。1~14 号站位透明度随季节变化如图 4-12 所示。

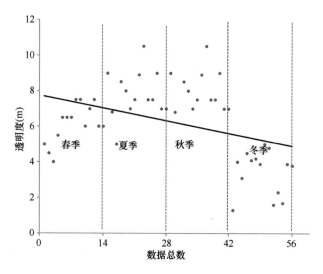

图 4-12　透明度随季节变化状况

由图 4-12 可见，透明度随着季节变化出现整体下降的趋势。

## 4.2　水文环境变化情况分析小结

水文要素的评价结果显示，该水域水深测值集中在 40~49 m 区间；水色随着季节的变化有整体增加的趋势。春季表层与底层温度变化明显，差异大致为 2℃，其他三个季节变化不大，基本集中在同一区间，夏季集中在 24~28℃, 秋季集中在 14~18℃, 冬季集中在 2~6℃。底层盐度随着季节变化出现下降的趋势比表层盐度的下降趋势更为明显。各站位全年表、底层 pH 测值为 7.91~8.03, pH 均优于《海水水质标准》第一类水质要求, 且表、底层 pH 均随着季节变化出现整体上升的趋势。浊度范围为 0.164~1.03 m, 表、底层浊度均随季节变化出现整体上升趋势。

# 第5章 海水化学指标评价

## 5.1 海水化学指标单因子指数法分析与评价

本项目在大连南部海域共布设 14 个站位，其中 1 号和 2 号站位是特殊功能区，3 号站位是海洋保护区，其他站位是保留区。

### 5.1.1 pH

单因子指数法对海域水质中 pH 的评价结果如图 5-1 和图 5-2 所示。

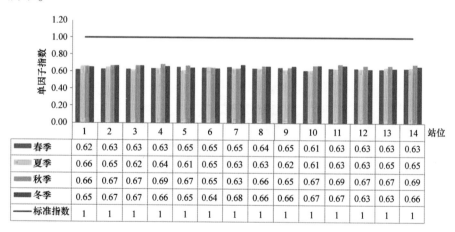

| | 1 | 2 | 3 | 4 | 5 | 6 | 7 | 8 | 9 | 10 | 11 | 12 | 13 | 14 | 站位 |
|---|---|---|---|---|---|---|---|---|---|---|---|---|---|---|---|
| 春季 | 0.62 | 0.63 | 0.63 | 0.63 | 0.65 | 0.65 | 0.65 | 0.64 | 0.65 | 0.61 | 0.63 | 0.63 | 0.63 | 0.63 | |
| 夏季 | 0.66 | 0.65 | 0.62 | 0.64 | 0.61 | 0.65 | 0.63 | 0.63 | 0.62 | 0.61 | 0.63 | 0.63 | 0.65 | 0.65 | |
| 秋季 | 0.66 | 0.67 | 0.67 | 0.69 | 0.67 | 0.65 | 0.63 | 0.66 | 0.65 | 0.67 | 0.69 | 0.67 | 0.67 | 0.69 | |
| 冬季 | 0.65 | 0.67 | 0.67 | 0.66 | 0.65 | 0.64 | 0.68 | 0.66 | 0.66 | 0.67 | 0.67 | 0.63 | 0.63 | 0.66 | |
| 标准指数 | 1 | 1 | 1 | 1 | 1 | 1 | 1 | 1 | 1 | 1 | 1 | 1 | 1 | 1 | |

图 5-1 表层 pH 达标性分析

由图 5-1 可见，表层水体中 pH 均优于《海水水质标准》中第一类水质的要求。

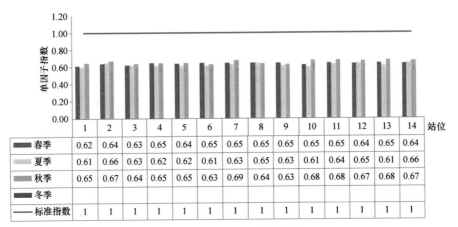

图 5-2　底层 pH 达标性分析

由图 5-2 可见，底层水体中 pH 均优于《海水水质标准》中第一类水质的要求。

### 5.1.2　化学需氧量

单因子指数法对海域水质中化学需氧量的评价结果分别如图 5-3 和图 5-4 所示。

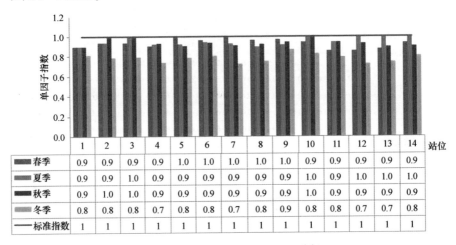

图 5-3　表层化学需氧量达标性分析

由图 5-3 可见，表层化学需氧量均优于《海水水质标准》中第一类水质的要求。

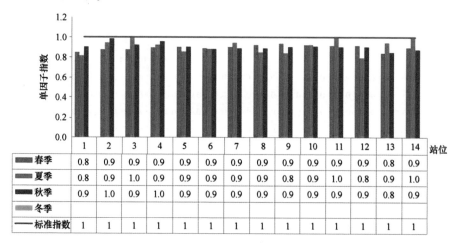

图 5-4　底层化学需氧量达标性分析

由图 5-4 可见，底层化学需氧量均优于《海水水质标准》中第一类水质的要求。

### 5.1.3　溶解氧

单因子指数法对海域水质中溶解氧的评价结果见图 5-5 和图 5-6。

由图 5-5 可见，表层溶解氧浓度全部优于《海水水质标准》中第一类水质的要求。

由图 5-6 可见，底层溶解氧浓度全部优于《海水水质标准》中第一类水质的要求。

### 5.1.4　无机氮

无机氮的单因子指数法评价结果如图 5-7 和图 5-8 所示。

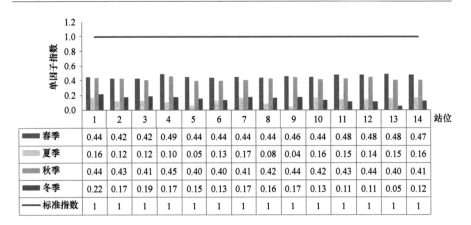

| | 站位 | 1 | 2 | 3 | 4 | 5 | 6 | 7 | 8 | 9 | 10 | 11 | 12 | 13 | 14 |
|---|---|---|---|---|---|---|---|---|---|---|---|---|---|---|---|
| ■ | 春季 | 0.44 | 0.42 | 0.42 | 0.49 | 0.44 | 0.44 | 0.44 | 0.44 | 0.46 | 0.44 | 0.48 | 0.48 | 0.48 | 0.47 |
| ▨ | 夏季 | 0.16 | 0.12 | 0.12 | 0.10 | 0.05 | 0.13 | 0.17 | 0.08 | 0.04 | 0.16 | 0.15 | 0.14 | 0.15 | 0.16 |
| ▦ | 秋季 | 0.44 | 0.43 | 0.41 | 0.45 | 0.40 | 0.40 | 0.41 | 0.42 | 0.44 | 0.42 | 0.43 | 0.44 | 0.40 | 0.41 |
| ■ | 冬季 | 0.22 | 0.17 | 0.19 | 0.17 | 0.15 | 0.13 | 0.17 | 0.16 | 0.17 | 0.13 | 0.11 | 0.11 | 0.05 | 0.12 |
| — | 标准指数 | 1 | 1 | 1 | 1 | 1 | 1 | 1 | 1 | 1 | 1 | 1 | 1 | 1 | 1 |

图 5-5　表层溶解氧达标性分析

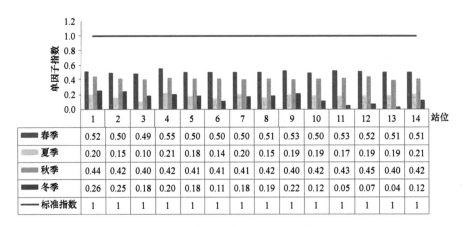

| | 站位 | 1 | 2 | 3 | 4 | 5 | 6 | 7 | 8 | 9 | 10 | 11 | 12 | 13 | 14 |
|---|---|---|---|---|---|---|---|---|---|---|---|---|---|---|---|
| ■ | 春季 | 0.52 | 0.50 | 0.49 | 0.55 | 0.50 | 0.50 | 0.50 | 0.51 | 0.53 | 0.50 | 0.53 | 0.52 | 0.51 | 0.51 |
| ▨ | 夏季 | 0.20 | 0.15 | 0.10 | 0.21 | 0.18 | 0.14 | 0.20 | 0.15 | 0.19 | 0.19 | 0.17 | 0.19 | 0.19 | 0.21 |
| ▦ | 秋季 | 0.44 | 0.42 | 0.40 | 0.42 | 0.41 | 0.41 | 0.41 | 0.42 | 0.40 | 0.42 | 0.43 | 0.45 | 0.40 | 0.42 |
| ■ | 冬季 | 0.26 | 0.25 | 0.18 | 0.20 | 0.18 | 0.11 | 0.18 | 0.19 | 0.22 | 0.12 | 0.05 | 0.07 | 0.04 | 0.12 |
| — | 标准指数 | 1 | 1 | 1 | 1 | 1 | 1 | 1 | 1 | 1 | 1 | 1 | 1 | 1 | 1 |

图 5-6　底层溶解氧达标性分析

　　由图 5-7 可见，表层无机氮含量全部优于《海水水质标准》第一类水质的要求。

　　由图 5-8 可见，底层无机氮含量全部优于《海水水质标准》第一类水质的要求。

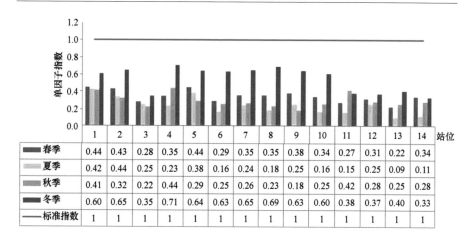

图 5-7　表层无机氮达标性分析

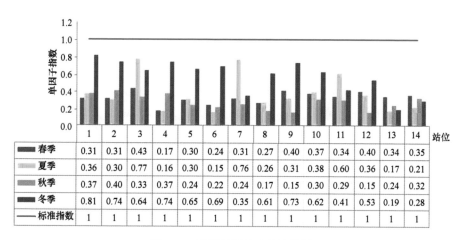

图 5-8　底层无机氮达标性分析

### 5.1.5　活性磷酸盐

活性磷酸盐单因子指数法评价结果如图 5-9 和图 5-10 所示。

由图 5-9 可见，表层活性磷酸盐含量春季、夏季和秋季都优于《海水水质标准》中第一类水质的要求，冬季为 8 个站位达标，6 个站

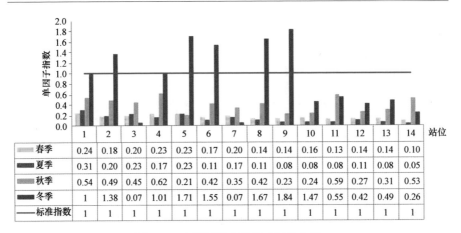

| | 1 | 2 | 3 | 4 | 5 | 6 | 7 | 8 | 9 | 10 | 11 | 12 | 13 | 14 |
|---|---|---|---|---|---|---|---|---|---|---|---|---|---|---|
| 春季 | 0.24 | 0.18 | 0.20 | 0.23 | 0.23 | 0.17 | 0.20 | 0.14 | 0.14 | 0.16 | 0.13 | 0.14 | 0.14 | 0.10 |
| 夏季 | 0.31 | 0.20 | 0.23 | 0.17 | 0.23 | 0.11 | 0.17 | 0.11 | 0.08 | 0.08 | 0.08 | 0.11 | 0.08 | 0.05 |
| 秋季 | 0.54 | 0.49 | 0.45 | 0.62 | 0.21 | 0.42 | 0.35 | 0.42 | 0.23 | 0.24 | 0.59 | 0.27 | 0.31 | 0.53 |
| 冬季 | 1 | 1.38 | 0.07 | 1.01 | 1.71 | 1.55 | 0.07 | 1.67 | 1.84 | 1.47 | 0.55 | 0.42 | 0.49 | 0.26 |
| 标准指数 | 1 | 1 | 1 | 1 | 1 | 1 | 1 | 1 | 1 | 1 | 1 | 1 | 1 | 1 |

图 5-9 表层活性磷酸盐达标性分析

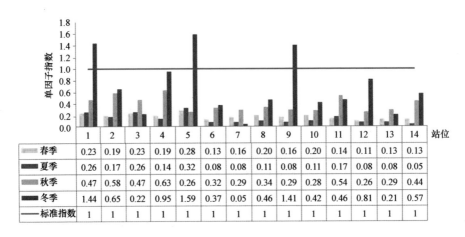

| | 1 | 2 | 3 | 4 | 5 | 6 | 7 | 8 | 9 | 10 | 11 | 12 | 13 | 14 |
|---|---|---|---|---|---|---|---|---|---|---|---|---|---|---|
| 春季 | 0.23 | 0.19 | 0.23 | 0.19 | 0.28 | 0.13 | 0.16 | 0.20 | 0.16 | 0.20 | 0.14 | 0.11 | 0.13 | 0.13 |
| 夏季 | 0.26 | 0.17 | 0.26 | 0.14 | 0.32 | 0.08 | 0.08 | 0.11 | 0.08 | 0.11 | 0.17 | 0.08 | 0.08 | 0.05 |
| 秋季 | 0.47 | 0.58 | 0.47 | 0.63 | 0.26 | 0.32 | 0.29 | 0.34 | 0.29 | 0.28 | 0.54 | 0.26 | 0.29 | 0.44 |
| 冬季 | 1.44 | 0.65 | 0.22 | 0.95 | 1.59 | 0.37 | 0.05 | 0.46 | 1.41 | 0.42 | 0.46 | 0.81 | 0.21 | 0.57 |
| 标准指数 | 1 | 1 | 1 | 1 | 1 | 1 | 1 | 1 | 1 | 1 | 1 | 1 | 1 | 1 |

图 5-10 底层活性磷酸盐达标性分析

位超标，最大超标率为 0.84，出现在 9 号站位冬季水体中。

由图 5-10 可见，底层活性磷酸盐含量春季、夏季和秋季都优于《海水水质标准》中第一类水质的要求，冬季 11 个站位达标，3 个站位超标，最大超标率为 0.59，出现在 5 号站位冬季水体中。

### 5.1.6　汞

汞的单因子指数评价结果如图 5-11 所示。

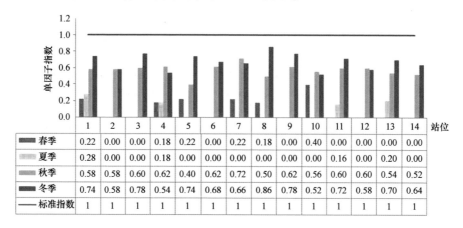

| | 1 | 2 | 3 | 4 | 5 | 6 | 7 | 8 | 9 | 10 | 11 | 12 | 13 | 14 |
|---|---|---|---|---|---|---|---|---|---|---|---|---|---|---|
| 春季 | 0.22 | 0.00 | 0.00 | 0.18 | 0.22 | 0.00 | 0.22 | 0.18 | 0.00 | 0.40 | 0.00 | 0.00 | 0.00 | 0.00 |
| 夏季 | 0.28 | 0.00 | 0.00 | 0.18 | 0.00 | 0.00 | 0.00 | 0.00 | 0.00 | 0.00 | 0.16 | 0.00 | 0.20 | 0.00 |
| 秋季 | 0.58 | 0.58 | 0.60 | 0.62 | 0.40 | 0.62 | 0.72 | 0.50 | 0.62 | 0.56 | 0.60 | 0.60 | 0.54 | 0.52 |
| 冬季 | 0.74 | 0.58 | 0.78 | 0.54 | 0.74 | 0.68 | 0.66 | 0.86 | 0.78 | 0.52 | 0.72 | 0.58 | 0.70 | 0.64 |
| 标准指数 | 1 | 1 | 1 | 1 | 1 | 1 | 1 | 1 | 1 | 1 | 1 | 1 | 1 | 1 |

图 5-11　汞达标性分析

由图 5-11 可见，汞的含量全部优于《海水水质标准》中第一类水质要求。

### 5.1.7　镉

镉的单因子指数评价结果如图 5-12 所示。

由图 5-12 可见，镉的含量全部优于《海水水质标准》中第一类水质要求。

### 5.1.8　铬

铬的单因子指数评价结果如图 5-13 所示。

由图 5-13 可见，铬的含量全部优于《海水水质标准》中第一类水质要求。

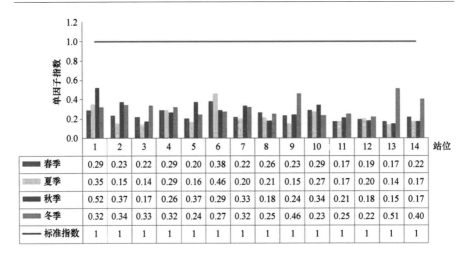

| 站位 | 1 | 2 | 3 | 4 | 5 | 6 | 7 | 8 | 9 | 10 | 11 | 12 | 13 | 14 |
|---|---|---|---|---|---|---|---|---|---|---|---|---|---|---|
| 春季 | 0.29 | 0.23 | 0.22 | 0.29 | 0.20 | 0.38 | 0.22 | 0.26 | 0.23 | 0.29 | 0.17 | 0.19 | 0.17 | 0.22 |
| 夏季 | 0.35 | 0.15 | 0.14 | 0.29 | 0.16 | 0.46 | 0.20 | 0.21 | 0.15 | 0.27 | 0.17 | 0.20 | 0.14 | 0.17 |
| 秋季 | 0.52 | 0.37 | 0.17 | 0.26 | 0.37 | 0.29 | 0.33 | 0.18 | 0.24 | 0.34 | 0.21 | 0.18 | 0.15 | 0.17 |
| 冬季 | 0.32 | 0.34 | 0.33 | 0.32 | 0.24 | 0.27 | 0.32 | 0.25 | 0.46 | 0.23 | 0.25 | 0.22 | 0.51 | 0.40 |
| 标准指数 | 1 | 1 | 1 | 1 | 1 | 1 | 1 | 1 | 1 | 1 | 1 | 1 | 1 | 1 |

图 5-12　镉达标性分析

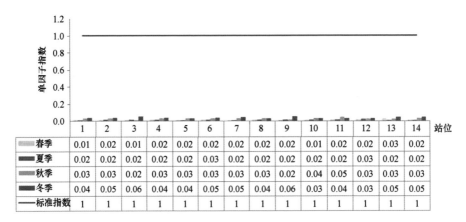

| 站位 | 1 | 2 | 3 | 4 | 5 | 6 | 7 | 8 | 9 | 10 | 11 | 12 | 13 | 14 |
|---|---|---|---|---|---|---|---|---|---|---|---|---|---|---|
| 春季 | 0.01 | 0.02 | 0.01 | 0.02 | 0.02 | 0.02 | 0.02 | 0.02 | 0.02 | 0.01 | 0.02 | 0.02 | 0.03 | 0.02 |
| 夏季 | 0.02 | 0.02 | 0.02 | 0.02 | 0.02 | 0.03 | 0.02 | 0.02 | 0.02 | 0.02 | 0.02 | 0.03 | 0.02 | 0.02 |
| 秋季 | 0.03 | 0.03 | 0.02 | 0.03 | 0.03 | 0.03 | 0.03 | 0.03 | 0.02 | 0.04 | 0.05 | 0.03 | 0.03 | 0.03 |
| 冬季 | 0.04 | 0.05 | 0.06 | 0.04 | 0.04 | 0.05 | 0.05 | 0.04 | 0.06 | 0.03 | 0.04 | 0.03 | 0.05 | 0.05 |
| 标准指数 | 1 | 1 | 1 | 1 | 1 | 1 | 1 | 1 | 1 | 1 | 1 | 1 | 1 | 1 |

图 5-13　铬达标性分析

## 5.1.9　铅

铅的单因子指数评价结果如图 5-14 所示。

由图 5-14 可见，铅的含量全部优于《海水水质标准》中第一类水质的要求。

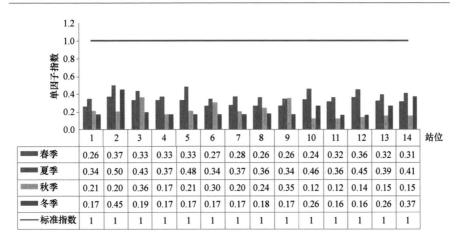

图 5-14　铅达标性分析

## 5.1.10　砷

砷的单因子指数评价结果如图 5-15 所示。

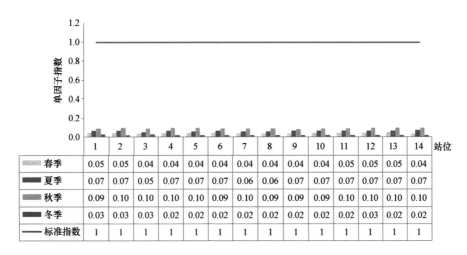

图 5-15　砷达标性分析

由图 5-15 可见，砷的含量显著优于《海水水质标准》中第一类水质的要求。

### 5.1.11 铜

铜的单因子指数评价结果如图 5-16 所示。

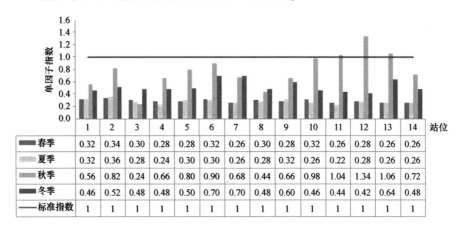

| | 站位 | 1 | 2 | 3 | 4 | 5 | 6 | 7 | 8 | 9 | 10 | 11 | 12 | 13 | 14 |
|---|---|---|---|---|---|---|---|---|---|---|---|---|---|---|---|
| ■ 春季 | | 0.32 | 0.34 | 0.30 | 0.28 | 0.28 | 0.32 | 0.26 | 0.30 | 0.28 | 0.32 | 0.26 | 0.28 | 0.26 | 0.26 |
| 夏季 | | 0.32 | 0.36 | 0.28 | 0.24 | 0.30 | 0.30 | 0.26 | 0.28 | 0.32 | 0.26 | 0.22 | 0.28 | 0.26 | 0.26 |
| 秋季 | | 0.56 | 0.82 | 0.24 | 0.66 | 0.80 | 0.90 | 0.68 | 0.44 | 0.66 | 0.98 | 1.04 | 1.34 | 1.06 | 0.72 |
| 冬季 | | 0.46 | 0.52 | 0.48 | 0.48 | 0.50 | 0.70 | 0.70 | 0.48 | 0.60 | 0.46 | 0.44 | 0.42 | 0.64 | 0.48 |
| —— 标准指数 | | 1 | 1 | 1 | 1 | 1 | 1 | 1 | 1 | 1 | 1 | 1 | 1 | 1 | 1 |

图 5-16 铜达标性分析

由图 5-16 可见，铜的含量个别站位超标，最大超标率为 0.34，出现在 12 号站位秋季水体中。

### 5.1.12 锌

锌的单因子指数评价结果如图 5-17 所示。

由图 5-17 可见，锌的含量全部优于《海水水质标准》第一类水质的要求。

### 5.1.13 石油类

石油类的单因子指数评价结果如图 5-18 所示。

由图 5-18 可见，石油类含量全部优于《海水水质标准》中第 类

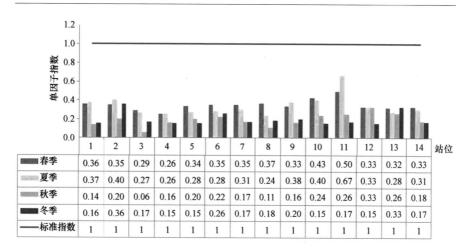

图 5-17　锌达标性分析

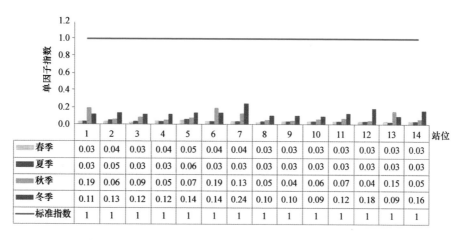

图 5-18　石油类达标性分析

水质要求。

## 5.1.14　六六六及滴滴涕

在 14 个测站中均未检出六六六及滴滴涕。

### 5.1.15 表、底层统计分析与评价

对以上单因子指数进行表、底层年平均统计分析，其评价结果见表5-1和表5-2。

表5-1 表层超标站位数和超标率

| 指数 | 化学需氧量 | 溶解氧 | 活性磷酸盐 | 无机氮 | pH | 石油类 | 汞 | 砷 | 铜 | 铅 | 镉 | 锌 | 铬 |
|------|-----------|--------|-----------|--------|-----|--------|-----|-----|-----|-----|-----|-----|-----|
| 超标站位数 | 0 | 0 | 5 | 0 | 0 | 0 | 0 | 0 | 2 | 0 | 0 | 0 | 0 |
| 最大超标率 | 0 | 0 | 0.84 | 0 | 0 | 0 | 0 | 0 | 0.3 | 0 | 0 | 0 | 0 |

由表5-1可知，该调查海域表层各站位化学需氧量、溶解氧、无机氮、pH、石油类、汞、砷、铜、铅、镉、锌和铬的含量均优于《海水水质标准》的第一类水质的要求，只有表层活性磷酸盐出现5个站位超标，最大超标率出现在9号站位冬季水体中，铜出现2个站位超标，最大超标率出现在12号站位秋季水体中。

表5-2 底层超标站位数和超标率

| 指数 | 化学需氧量 | 溶解氧 | 活性磷酸盐 | 无机氮 | pH | 石油类 |
|------|-----------|--------|-----------|--------|-----|--------|
| 超标站位数 | 0 | 0 | 3 | 0 | 0 | 0 |
| 最大超标率 | 0 | 0 | 0.59 | 0 | 0 | 0 |

由表5-2可知，该调查海域底层各站位化学需氧量、溶解氧、无机氮、pH、石油类含量均优于《海水水质标准》的第一类水质的要求，只有活性磷酸盐出现3个站位超标，最大超标率出现在5号站位冬季水体中。

### 5.1.16　悬浮物

《海水水质标准》（GB 3097—1997）中悬浮物的第一类水质要求是人为增加的量不高于 10 mg/L，本次调查只有一次数据，因此，本次评价只分析变化趋势，不同站位表、底层悬浮物的变化趋势如图 5-19 和图 5-20 所示。

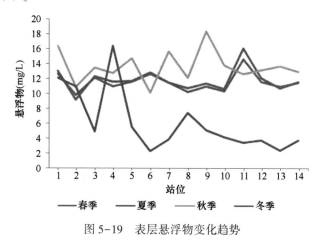

图 5-19　表层悬浮物变化趋势

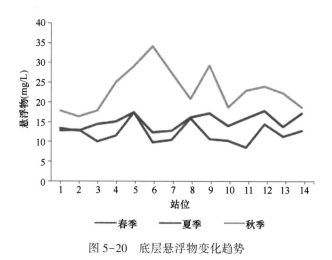

图 5-20　底层悬浮物变化趋势

　　由图 5-19 可见，表层悬浮物的含量春季、夏季和秋季基本维持在一个相对较高的水平，只有冬季悬浮物总体浓度偏低，冬季中唯有 4 号站位的值明显增多。

　　由图 5-20 可见，底层悬浮物的整体含量由高至低的排序为秋季、夏季、春季。

### 5.1.17　总氮

　　总氮在《海水水质标准》中没有限值规定，所以只进行变化趋势分析。表层和底层的总氮变化趋势如图 5-21 和图 5-22 所示。

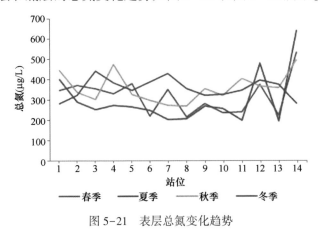

图 5-21　表层总氮变化趋势

　　由图 5-21 可见，表层总氮含量随季节变化不明显，只有 14 号站位夏季出现了最高点。

　　由图 5-22 可见，底层总氮含量随季节变化也不明显，只有 14 号站位夏季出现了峰值。

### 5.1.18　总磷

　　总磷在《海水水质标准》中没有限值规定，所以只进行变化趋势

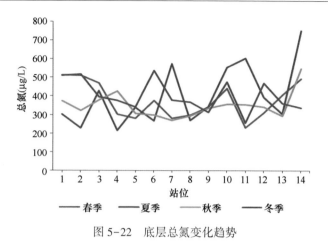

图 5-22　底层总氮变化趋势

分析。表层和底层总磷含量随季节变化趋势如图 5-23 和图 5-24 所示。

由图 5-23 可见，冬季表层总磷含量明显优于其他季节，夏季最低，其各站位所有测值都在其他三个季节之下。

由图 5-24 可见，冬季底层总磷含量明显优于其他季节，夏季最低，其各站位所有测值都在其他三个季节之下。

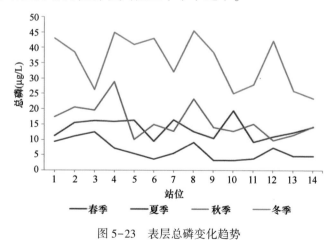

图 5-23　表层总磷变化趋势

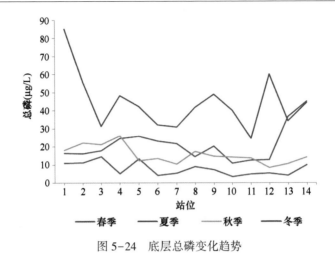

图 5-24　底层总磷变化趋势

### 5.1.19　亚硝酸盐

亚硝酸盐在《海水水质标准》中没有限值规定，所以只进行变化趋势分析。表层和底层亚硝酸盐含量随季节变化趋势如图 5-25 和图 5-26 所示。

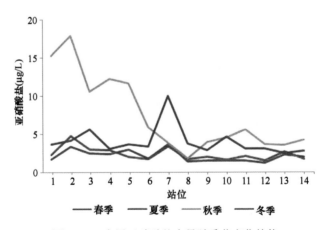

图 5-25　表层亚硝酸盐含量随季节变化趋势

由图 5-25 可见，秋季各站位表层亚硝酸盐的含量普遍较高，其峰值出现在 2 号站位，其次是冬季各站位，春季和夏季表层亚硝酸盐含量相对较少。

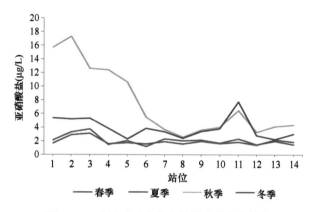

图 5-26　底层亚硝酸盐含量随季节变化趋势

由图 5-26 可见，秋季各站位底层亚硝酸的含量普遍较高，其峰值出现在 2 号站位，其次是冬季各站位，春季和夏季表层亚硝酸盐含量相对较少。

## 5.1.20　硝酸盐

硝酸盐在《海水水质标准》中没有限值规定，所以只进行变化趋势分析。表层和底层硝酸盐含量随季节变化趋势如图 5-27 和图 5-28 所示。

由图 5-27 可见，表层硝酸盐含量冬季最高，峰值出现在 4 号站位，其次是春季，然后是秋季，含量最低的是夏季。

由图 5-28 可见，底层硝酸盐含量冬季最高，峰值出现在 4 号和 9 号站位，其他三个季节底层硝酸盐含量均不高。

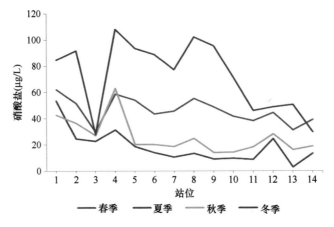

图 5-27　表层硝酸盐含量随季节变化趋势

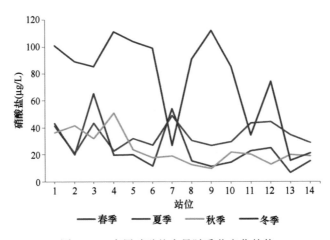

图 5-28　底层硝酸盐含量随季节变化趋势

### 5.1.21　氨氮

氨氮在《海水水质标准》中没有限值规定，所以只进行变化趋势分析。氨氮含量随季节变化趋势如图 5-29 和图 5-30 所示。

由图 5-29 可见，表层氨氮含量随季节变化不是很明显。

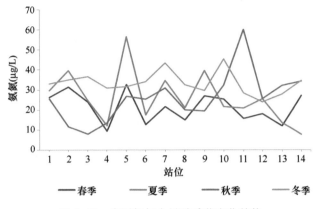

图 5-29　表层氨氮含量随季节变化趋势

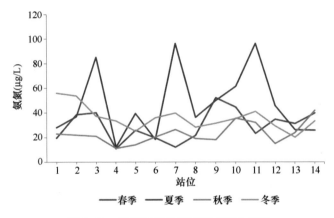

图 5-30　底层氨氮含量随季节变化趋势

由图 5-30 可见，底层氨氮含量在夏季时波动较大，其他三个季节底层氨氮含量随季节变化不是很明显。

### 5.1.22　活性硅酸盐

活性硅酸盐在《海水水质标准》中没有限值规定，所以只进行变化趋势分析。活性硅酸盐含量随季节变化趋势如图 5-31 和图 5-32 所示。

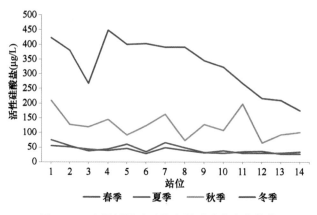

图 5-31　表层活性硅酸盐含量随季节变化趋势

由图 5-31 可见，表层活性硅酸盐含量在冬季时普遍偏高，然后是秋季，其次是春季和夏季，而且这两个季节差异不大。

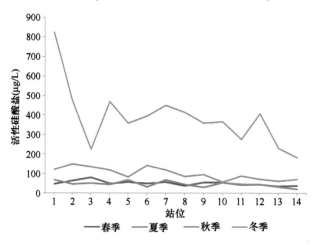

图 5-32　底层活性硅酸盐含量随季节变化趋势

由图 5-32 可见，底层活性硅酸盐含量在冬季时明显高于其他季节，然后是秋季，其次是春季和夏季，而且这两个季节差异不大。

### 5.1.23　有机碳

有机碳在《海水水质标准》中没有限值规定，所以只进行变化趋势分析。冬季有机碳含量在不同站位的分布情况如图 5-33 所示。

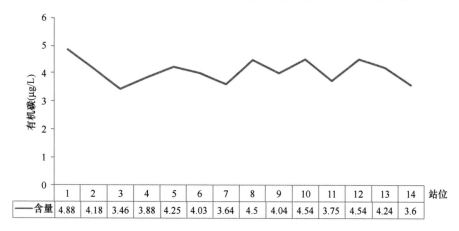

| | 1 | 2 | 3 | 4 | 5 | 6 | 7 | 8 | 9 | 10 | 11 | 12 | 13 | 14 | 站位 |
|---|---|---|---|---|---|---|---|---|---|---|---|---|---|---|---|
| —— 含量 | 4.88 | 4.18 | 3.46 | 3.88 | 4.25 | 4.03 | 3.64 | 4.5 | 4.04 | 4.54 | 3.75 | 4.54 | 4.24 | 3.6 | |

图 5-33　冬季有机碳含量分布

由图 5-33 可见，冬季有机碳的含量为 3.46～4.88，最高值出现在 1 号站位。

### 5.1.24　颗粒有机物

颗粒有机物在《海水水质标准》中没有限值规定，所以只进行变化趋势分析。表层和底层颗粒有机物含量变化趋势如图 5-34 所示。

由图 5-34 可见，底层颗粒有机物底层含量高于表层，表层峰值出现在 1 号站位。

### 5.1.25　颗粒有机碳

颗粒有机碳在《海水水质标准》中没有限值规定，所以只进行变

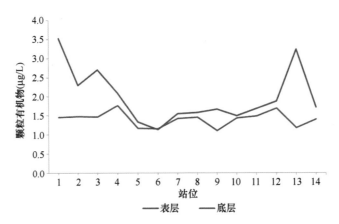

图 5-34　颗粒有机物含量表、底层变化趋势

化趋势分析。表层和底层颗粒有机碳含量变化趋势如图 5-35 所示。

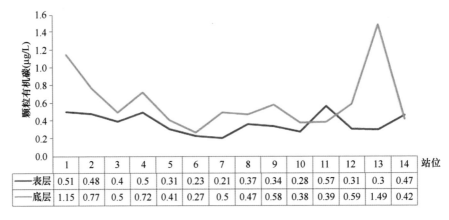

| | 1 | 2 | 3 | 4 | 5 | 6 | 7 | 8 | 9 | 10 | 11 | 12 | 13 | 14 |
|---|---|---|---|---|---|---|---|---|---|---|---|---|---|---|
| 表层 | 0.51 | 0.48 | 0.4 | 0.5 | 0.31 | 0.23 | 0.21 | 0.37 | 0.34 | 0.28 | 0.57 | 0.31 | 0.3 | 0.47 |
| 底层 | 1.15 | 0.77 | 0.5 | 0.72 | 0.41 | 0.27 | 0.5 | 0.47 | 0.58 | 0.38 | 0.39 | 0.59 | 1.49 | 0.42 |

图 5-35　表层和底层颗粒有机碳含量变化趋势

由图 5-35 可见，底层颗粒有机碳含量略高于表层。

## 5.2　海水化学指标综合评价

### 5.2.1　营养状态水平

营养状态水平分析结果如图 5-36 所示。

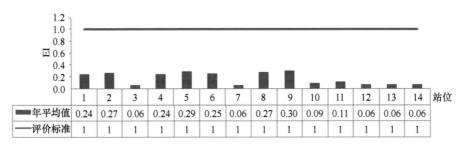

| | 站位1 | 2 | 3 | 4 | 5 | 6 | 7 | 8 | 9 | 10 | 11 | 12 | 13 | 14 |
|---|---|---|---|---|---|---|---|---|---|---|---|---|---|---|
| ■年平均值 | 0.24 | 0.27 | 0.06 | 0.24 | 0.29 | 0.25 | 0.06 | 0.27 | 0.30 | 0.09 | 0.11 | 0.06 | 0.06 | 0.06 |
| ——评价标准 | 1 | 1 | 1 | 1 | 1 | 1 | 1 | 1 | 1 | 1 | 1 | 1 | 1 | 1 |

图 5-36　营养状态水平评价

由图 5-36 可见，所有站位营养指数均小于 1，表明该海域各站位未达到富营养化水平。

### 5.2.2　有机污染综合指数

有机污染综合指数评价结果如图 5-37 所示。

由图 5-37 可见，本调查海域表、底层各站位有机污染水平在 1~2 区间，都处于开始污染状态，个别站位略大于 2。

### 5.2.3　水环境质量综合评价

水环境质量综合评价结果如图 5-38 所示。

由图 5-38 可见，各站位水环境质量综合评价指数计算结果均小于 1，表明该海域各站位水质为清洁。

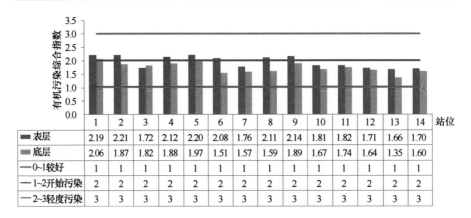

图 5-37　有机污染综合指数评价结果

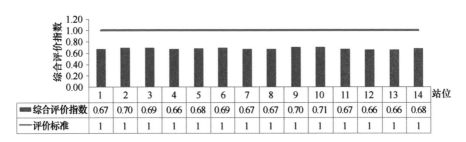

图 5-38　水环境质量综合评价结果

## 5.3　海水化学指标评价小结

综上可知，所调查海域水体中 pH、化学需氧量、溶解氧、无机氮、汞、镉、铬、铅、砷、锌、石油类含量均优于《海水水质标准》中第一类水质要求，六六六和滴滴涕均未检出。活性磷酸盐个别站位超标，最大超标率为 0.84，出现在 9 号站位冬季表层水体中，5 号站位的冬季底层活性磷酸盐超标，其超标率为 0.59；铜个别站位超标，最大超标率为 0.34，出现在 12 号站位秋季水体中。悬浮物、总氮、总磷、亚硝酸盐、硝酸盐、氨氮、活性硅酸盐、有机碳、颗粒有机物以及颗粒有机碳含量的变化趋势详见本节图表。该海域营养状态水平分析显示水体未达到富营养化水平；有机污染综合指数评价结果为"开始污染"，水环境质量综合评价结果显示调查海域水质为清洁。

# 第6章 海洋沉积物指标评价

本研究对大连南部海域海洋沉积物化学指标的调查共布设 66 个站位，其中，5 号、10~13 号站位为特殊功能区，1~4 号站位为旅游区，其他站位是保留区。沉积物粒度调查共布设了 154 个站位，其中，19~26 号站位是特殊功能区；13 号站位是海洋保护区；1~10 号、17 号站位是旅游区，其他站位是保留区。

## 6.1 海洋沉积物化学指标单因子指数法评价

### 6.1.1 硫化物

2017 年硫化物含量及其占标率统计如图 6-1 所示。

### 6.1.2 石油类

2017 年石油类含量及其占标率统计如图 6-2 所示。

### 6.1.3 有机碳

2017 年有机碳含量及其占标率统计如图 6-3 所示。

### 6.1.4 汞（Hg）

2017 年汞含量及其占标率统计如图 6-4 所示。

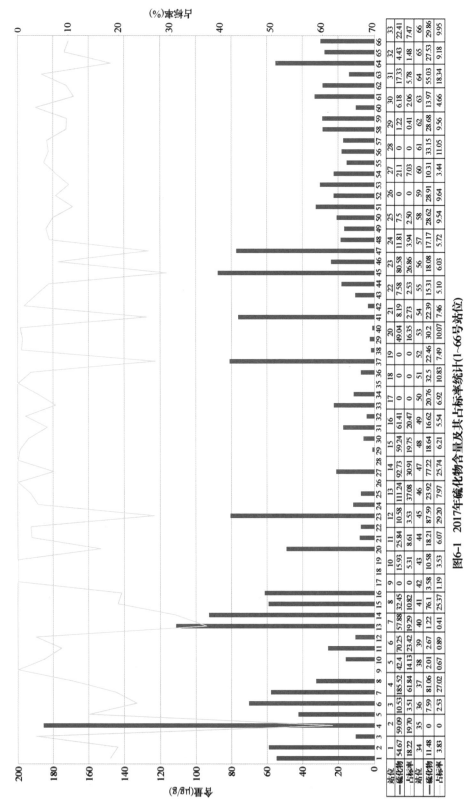

图6-1  2017年硫化物含量及其占标率统计(1-66号站位)

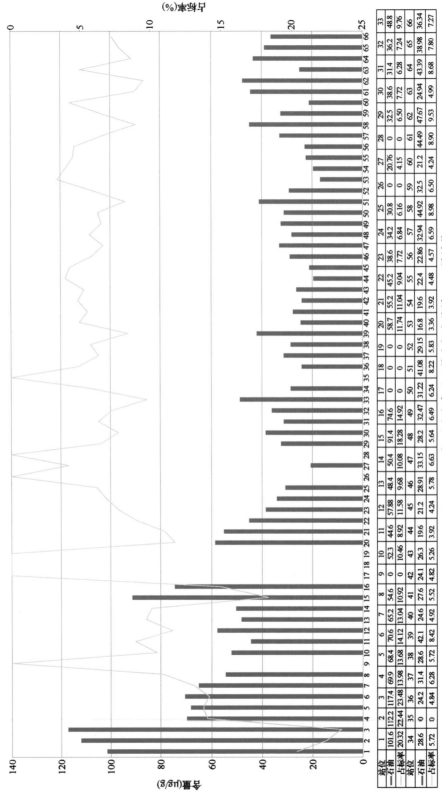

图6-2 2017年石油类含量及其占标率统计(1~66号站位)

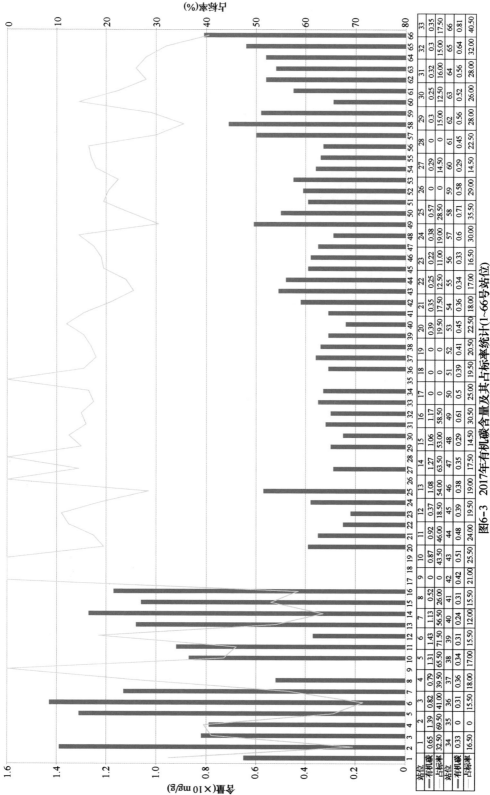

图6-3 2017年有机碳含量及其占标率统计(1~66号站位)

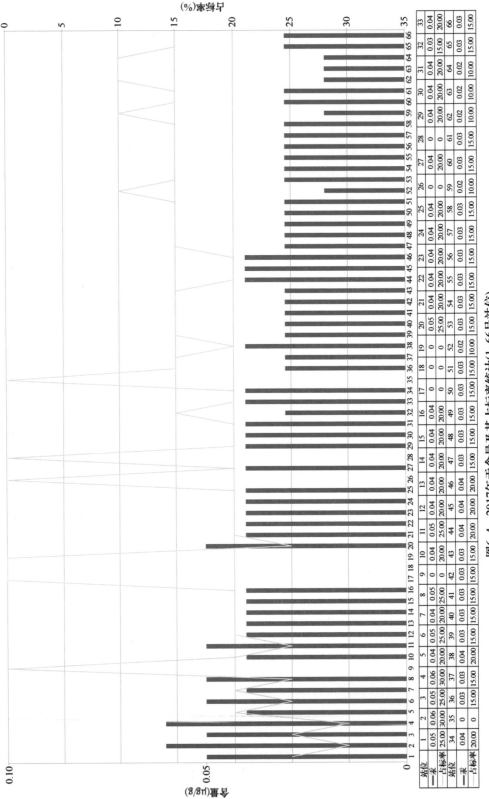

图6-4　2017年汞含量及其占标率统计(1~66号点位)

## 6.1.5　砷（As）

2017 年砷含量及其占标率统计如图 6-5 所示。

## 6.1.6　铜（Cu）

2017 年铜含量及其占标率统计如图 6-6 所示。

## 6.1.7　铅（Pb）

2017 年铅含量及其占标率统计如图 6-7 所示。

## 6.1.8　镉（Cd）

2017 年镉含量及其占标率统计如图 6-8 所示。

## 6.1.9　锌（Zn）

2017 年锌含量及其占标率统计如图 6-9 所示。

## 6.1.10　多氯联苯

2017 年多氯联苯含量及其占标率统计如图 6-10 所示。

## 6.1.11　总氮（TN）、总磷（TP）

2017 年总氮、总磷含量统计如图 6-11 所示。

## 6.1.12　有机质

2017 年有机质含量统计如图 6-12 所示。

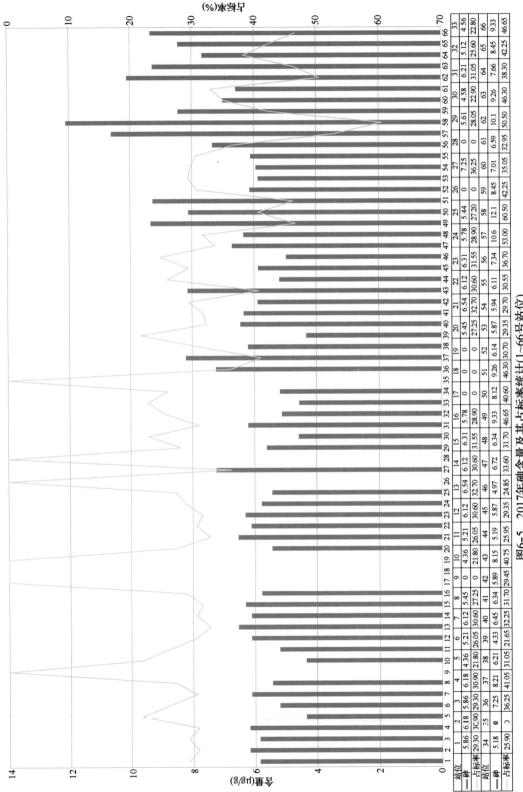

图6-5　2017年砷含量及其占标率统计(1~66号站位)

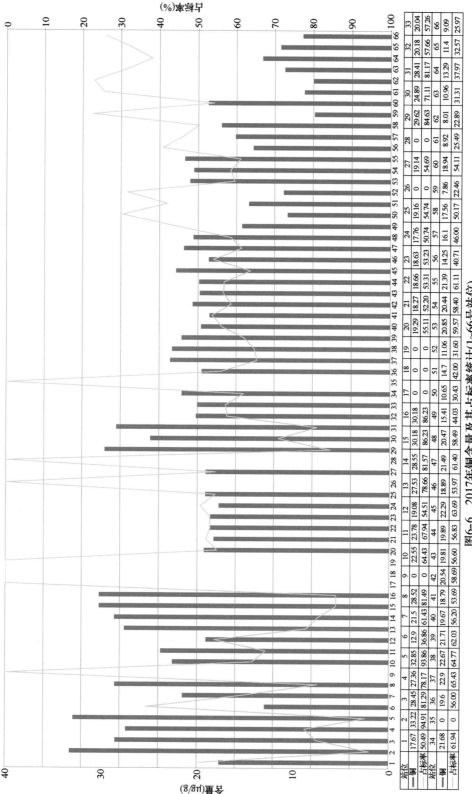

图6-6 2017年铜含量及其占标率统计(1~66号站位)

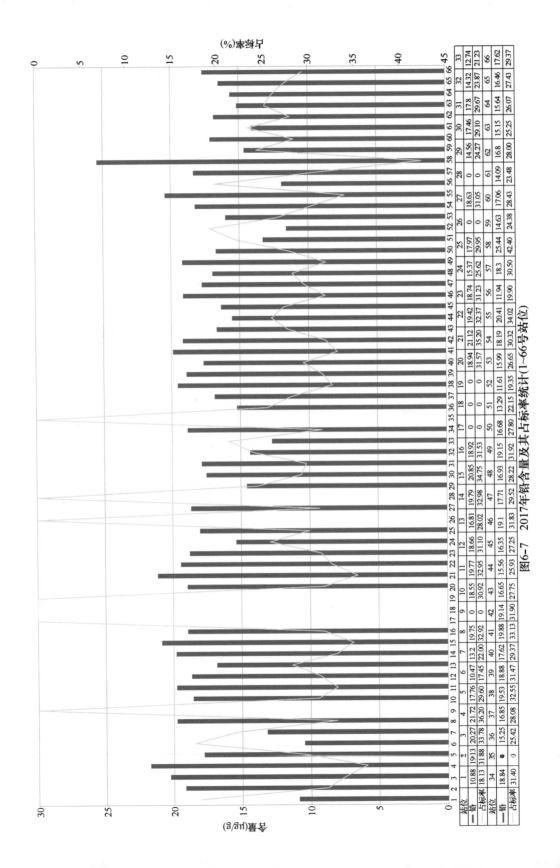

图6-7 2017年铝含量及其占标率统计(1~66号站位)

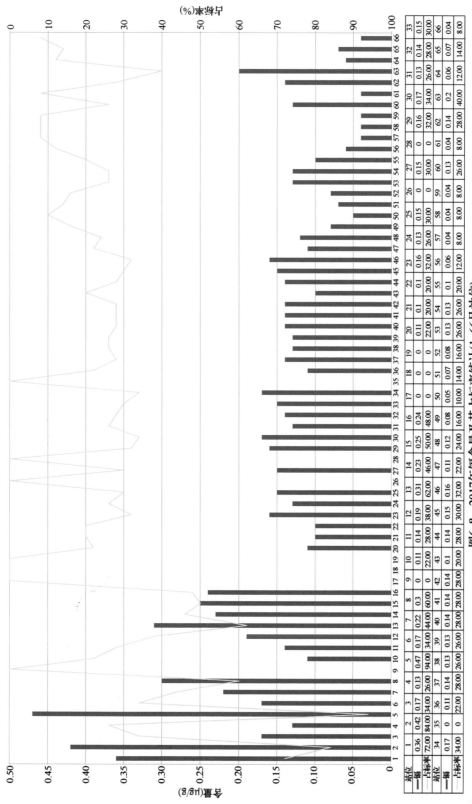

图6-8　2017年镉含量及其占标率统计(1~66号站位)

| 站位 | 1 | 2 | 3 | 4 | 5 | 6 | 7 | 8 | 9 | 10 | 11 | 12 | 13 | 14 | 15 | 16 | 17 | 18 | 19 | 20 | 21 | 22 | 23 | 24 | 25 | 26 | 27 | 28 | 29 | 30 | 31 | 32 | 33 |
|---|---|---|---|---|---|---|---|---|---|---|---|---|---|---|---|---|---|---|---|---|---|---|---|---|---|---|---|---|---|---|---|---|---|
| 镉 | 0.36 | 0.42 | 0.17 | 0.13 | 0.34 | 0.17 | 0.22 | 0.3 | 0 | 0.47 | 0.14 | 0.19 | 0.31 | 0.23 | 0.25 | 0.24 | 0 | 0 | 0 | 0.11 | 0.14 | 0.14 | 0.16 | 0.13 | 0.15 | 0 | 0.15 | 0 | 0.16 | 0.17 | 0.13 | 0.14 | 0.15 |
| 占标率 | 72.00 | 84.00 | 34.00 | 26.00 | 94.00 | 34.00 | 44.00 | 60.00 | 0 | 94.00 | 28.00 | 38.00 | 62.00 | 46.00 | 50.00 | 48.00 | 0 | 0 | 0 | 22.00 | 28.00 | 28.00 | 32.00 | 26.00 | 30.00 | 0 | 30.00 | 0 | 32.00 | 34.00 | 26.00 | 28.00 | 30.00 |
| 站位 | 34 | 35 | 36 | 37 | 38 | 39 | 40 | 41 | 42 | 43 | 44 | 45 | 46 | 47 | 48 | 49 | 50 | 51 | 52 | 53 | 54 | 55 | 56 | 57 | 58 | 59 | 60 | 61 | 62 | 63 | 64 | 65 | 66 |
| 镉 | 0.05 | 0 | 0 | 0.07 | 0.08 | 0.13 | 0.13 | 0.13 | 0.1 | 0.1 | 0.1 | 0.06 | 0.06 | 0.04 | 0.04 | 0.04 | 0.04 | 0.04 | 0.08 | 0.13 | 0.13 | 0.04 | 0.04 | 0.14 | 0.14 | 0.2 | 0.06 | 0.07 | 0.04 |  |  |  |  |
| 占标率 | 10.00 | 14.00 | 16.00 | 14.00 | 16.00 | 26.00 | 26.00 | 26.00 | 20.00 | 20.00 | 12.00 | 12.00 | 8.00 | 8.00 | 8.00 | 8.00 | 16.00 | 26.00 | 26.00 | 8.00 | 8.00 | 28.00 | 28.00 | 40.00 | 12.00 | 14.00 | 8.00 |  |  |  |  | |

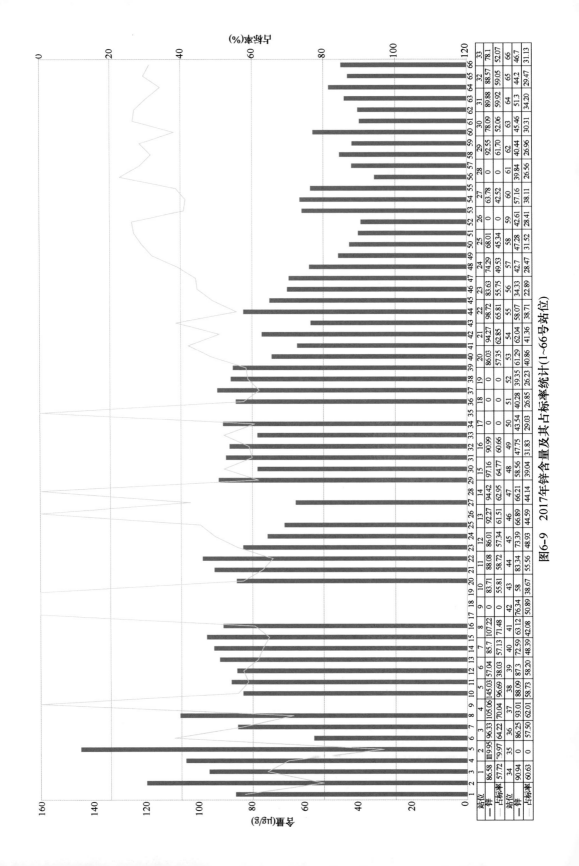

图6-9 2017年锌含量及其占标率统计(1~66号站位)

| 站位 | 1 | 2 | 3 | 4 | 5 | 6 | 7 | 8 | 9 | 10 | 11 | 12 | 13 | 14 | 15 | 16 | 17 | 18 | 19 | 20 | 21 | 22 | 23 | 24 | 25 | 26 | 27 | 28 | 29 | 30 | 31 | 32 | 33 |
|------|---|---|---|---|---|---|---|---|---|----|----|----|----|----|----|----|----|----|----|----|----|----|----|----|----|----|----|----|----|----|----|----|----|
| 含量 | 86.58 | 79.95 | 96.33 | 105.06 | 145.03 | 57.04 | 96.95 | 107.22 | 85.7 | 83.71 | 88.08 | 86.01 | 92.27 | 94.42 | 97.16 | 90.99 | 0 | 0 | 0 | 86.03 | 94.27 | 98.72 | 83.63 | 74.29 | 68.01 | 0 | 63.78 | 0 | 92.55 | 78.09 | 89.88 | 88.57 | 78.1 |
| 占标率 | 57.72 | 0 | 64.22 | 70.04 | 96.69 | 38.03 | 64.63 | 71.48 | 57.13 | 55.81 | 58.72 | 57.34 | 61.51 | 62.95 | 64.77 | 60.66 | 0 | 0 | 55.81 | 57.35 | 62.85 | 65.81 | 55.75 | 49.53 | 45.34 | 0 | 42.52 | 0 | 61.70 | 52.06 | 59.92 | 59.05 | 52.07 |
| 站位 | 34 | 35 | 36 | 37 | 38 | 39 | 40 | 41 | 42 | 43 | 44 | 45 | 46 | 47 | 48 | 49 | 50 | 51 | 52 | 53 | 54 | 55 | 56 | 57 | 58 | 59 | 60 | 61 | 62 | 63 | 64 | 65 | 66 |
| 含量 | 90.94 | 89.03 | 93.01 | 88.09 | 72.59 | 66.89 | 73.39 | 83.34 | 58 | 76.34 | 63.12 | 58.07 | 56 | 57 | 42.7 | 47.28 | 58 | 42.61 | 39.84 | 57.16 | 40.28 | 43.54 | 26.85 | 26.23 | 40.86 | 41.36 | 38.71 | 22.89 | 28.47 | 31.52 | 28.41 | 38.11 | 29.03 | 26.56 | 26.96 | 30.31 | 45.46 | 51.3 | 34.20 | 44.2 | 29.47 | 31.13 |
| 占标率 | 60.63 | 0 | 62.01 | 58.73 | 87.3 | 58.20 | 48.39 | 50.89 | 55.56 | 48.93 | 38.67 | | | | | | | | | | | | | | | | | | | | | | |

图6-9 2017年锌含量及其占标率统计(1~66号站位)

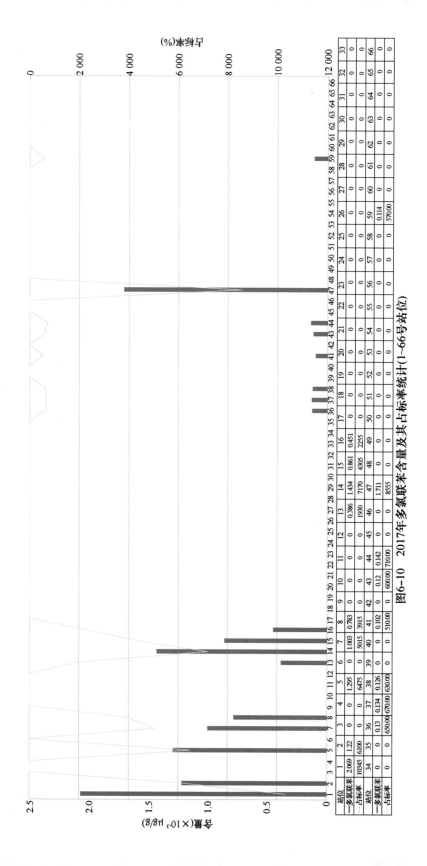

图6-10 2017年多氯联苯含量及其占标率统计(1~66号站位)

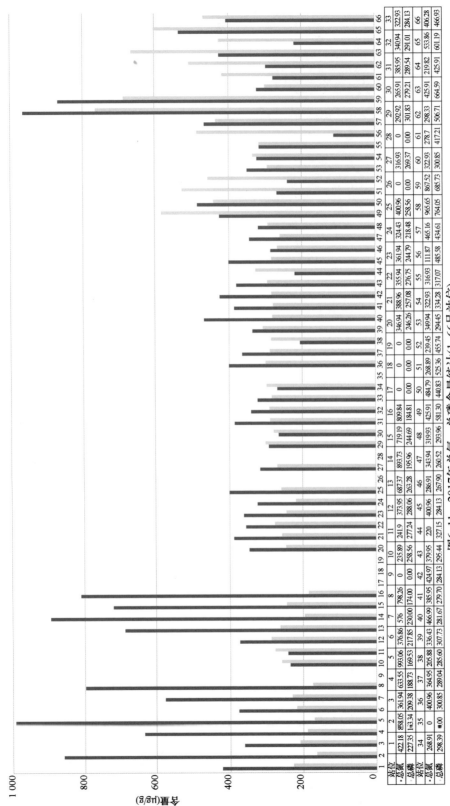

图6-11 2017年总氮、总磷含量统计(1~66号站位)

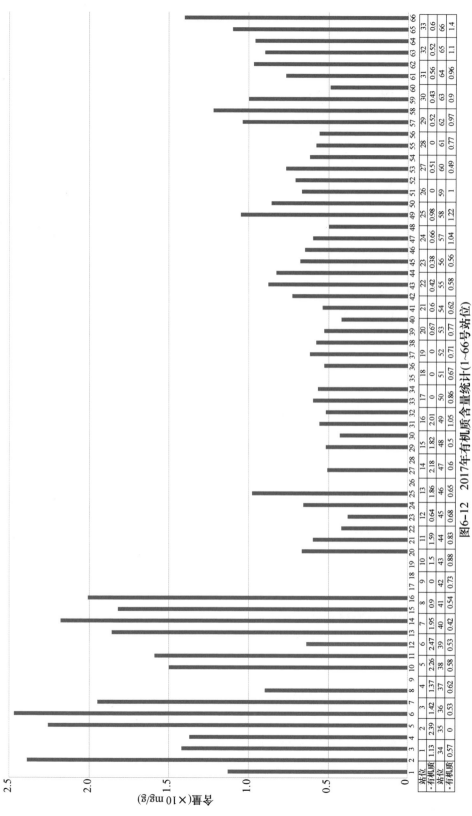

图6-12  2017年有机质含量统计(1~66号站位)

### 6.1.13 多环芳烃（PAHs）

2017 年多环芳烃含量统计如图 6-13 所示。

由图 6-1 至图 6-13，通过占标率可以直观看出，有机碳、石油类、铜、铅、锌、镉、汞、砷、硫化物、多氯联苯等含量均优于《海洋沉积物质量》标准第一类要求。

# 6.2 粒度统计分析

### 6.2.1 不同站位沉积物粒度分析

1. C001～C015 号站位

2017 年 C001～C015 号站位沉积物粒度数据统计如图 6-14 所示。

2. C016～C036 号站位

2017 年 C016～C036 号站位沉积物粒度数据统计如图 6-15 所示。

3. C037～C056 号站位

2017 年 C037～C056 号站位沉积物粒度数据统计如图 6-16 所示。

4. C057～C073 号站位

2017 年 C057～C073 号站位沉积物粒度数据统计如图 6-17 所示。

5. C074～C089 号站位

2017 年 C074～C089 号站位沉积物粒度数据统计如图 6-18 所示。

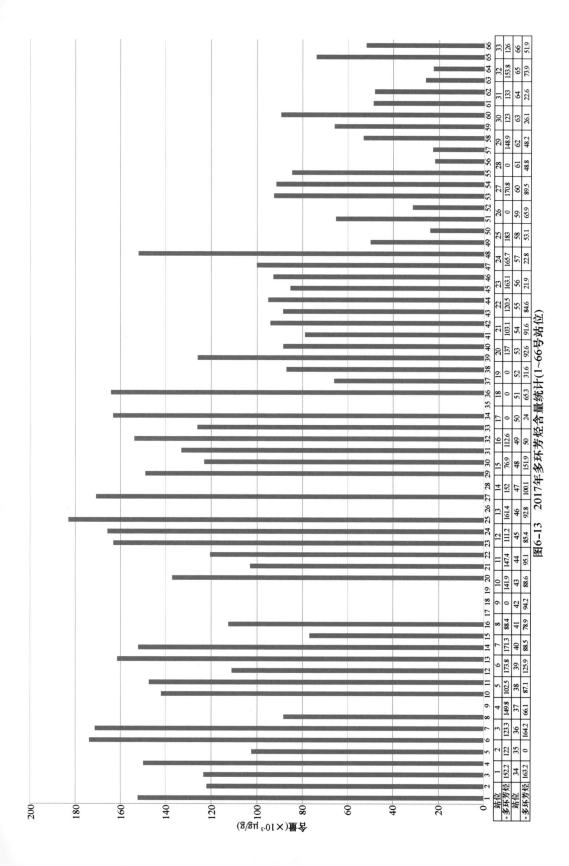

图6-13　2017年多环芳烃含量统计（1～66号站位）

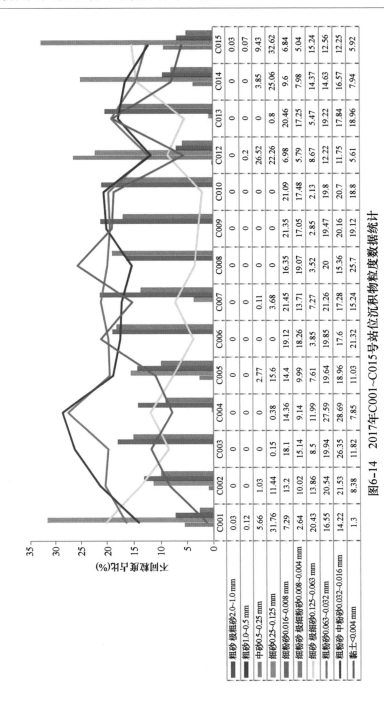

图6-14　2017年C001~C015号站位沉积物物粒度数据统计

| | C001 | C002 | C003 | C004 | C005 | C006 | C007 | C008 | C009 | C010 | C012 | C013 | C014 | C015 |
|---|---|---|---|---|---|---|---|---|---|---|---|---|---|---|
| 粗砂 极粗砂2.0~1.0 mm | 0.03 | 0 | 0 | 0 | 0 | 0 | 0 | 0 | 0 | 0 | 0 | 0 | 0 | 0.03 |
| 粗砂1.0~0.5 mm | 0.12 | 0 | 0 | 0 | 0 | 0 | 0 | 0 | 0 | 0 | 0.2 | 0 | 0 | 0.07 |
| 中砂0.5~0.25 mm | 5.66 | 1.03 | 0 | 0 | 2.77 | 0 | 0.11 | 0 | 0 | 0 | 26.52 | 0.8 | 3.85 | 9.43 |
| 细砂0.25~0.125 mm | 31.76 | 11.44 | 0.15 | 0.38 | 15.6 | 19.12 | 3.68 | 16.35 | 21.35 | 21.09 | 22.26 | 20.46 | 25.06 | 32.62 |
| 细粉砂0.016~0.008 mm | 7.29 | 13.2 | 18.1 | 14.36 | 14.4 | 18.26 | 21.45 | 19.07 | 17.05 | 17.48 | 6.98 | 17.25 | 9.6 | 6.84 |
| 细粉砂 极细粉砂0.008~0.004 mm | 2.64 | 10.02 | 15.14 | 9.14 | 9.99 | 3.85 | 13.71 | 3.52 | 2.85 | 2.13 | 5.79 | 5.47 | 7.98 | 5.04 |
| 细粉砂0.125~0.063 mm | 20.43 | 13.86 | 8.5 | 11.99 | 7.61 | 19.85 | 7.27 | 20 | 19.47 | 19.8 | 8.67 | 19.22 | 14.37 | 15.24 |
| 粗粉砂0.063~0.032 mm | 16.55 | 20.54 | 19.94 | 27.59 | 19.64 | 17.6 | 21.26 | 15.36 | 20.16 | 20.7 | 12.22 | 17.84 | 14.63 | 12.56 |
| 粗粉砂 中粉砂0.032~0.016 mm | 14.22 | 21.53 | 26.35 | 28.69 | 18.96 | 21.32 | 17.28 | 25.7 | 19.12 | 18.8 | 11.75 | 18.96 | 16.57 | 12.25 |
| 黏土<0.004 mm | 1.3 | 8.38 | 11.82 | 7.85 | 11.03 | | 15.24 | | | | 5.61 | | 7.94 | 5.92 |

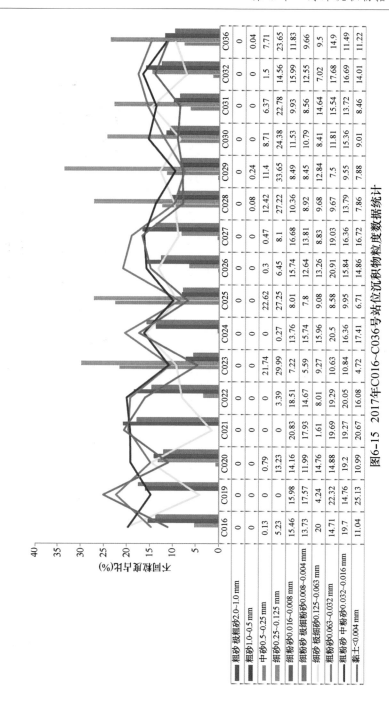

图6-15　2017年C016~C036号站位沉积物粒度数据统计

| | C016 | C019 | C020 | C021 | C022 | C023 | C024 | C025 | C026 | C027 | C028 | C029 | C030 | C031 | C032 | C036 |
|---|---|---|---|---|---|---|---|---|---|---|---|---|---|---|---|---|
| 粗砂 极粗砂2.0~1.0 mm | 0 | 0 | 0 | 0 | 0 | 0 | 0 | 0 | 0 | 0 | 0 | 0 | 0 | 0 | 0 | 0 |
| 粗砂1.0~0.5 mm | 0 | 0 | 0 | 0 | 0 | 0 | 0 | 0 | 0 | 0 | 0.08 | 0.24 | 0 | 0 | 0 | 0.04 |
| 中砂0.5~0.25 mm | 0.13 | 0 | 0.79 | 0 | 0 | 21.74 | 0 | 22.62 | 0.3 | 0.47 | 12.42 | 11.4 | 8.71 | 6.37 | 1.5 | 7.71 |
| 细砂0.25~0.125 mm | 5.23 | 0 | 13.23 | 0 | 3.39 | 29.99 | 0.27 | 27.25 | 6.45 | 8.1 | 27.22 | 33.65 | 24.38 | 22.78 | 14.56 | 23.65 |
| 细粉砂0.016~0.008 mm | 15.46 | 15.98 | 14.16 | 20.83 | 18.51 | 7.22 | 13.76 | 8.01 | 15.74 | 16.68 | 10.36 | 8.49 | 11.53 | 9.93 | 15.99 | 11.83 |
| 细粉砂 极细粉砂0.008~0.004 mm | 13.73 | 17.57 | 11.99 | 17.93 | 14.67 | 5.59 | 15.74 | 7.8 | 12.64 | 13.81 | 8.92 | 8.45 | 10.79 | 8.56 | 12.55 | 9.66 |
| 细砂 极细砂0.125~0.063 mm | 20 | 4.24 | 14.76 | 1.61 | 8.01 | 9.27 | 15.96 | 9.08 | 13.26 | 8.83 | 9.68 | 12.84 | 8.41 | 14.64 | 7.02 | 9.5 |
| 粗粉砂0.063~0.032 mm | 14.71 | 22.32 | 14.88 | 19.69 | 19.29 | 10.63 | 20.5 | 8.58 | 20.91 | 19.03 | 9.67 | 7.5 | 11.81 | 15.54 | 17.68 | 14.9 |
| 粗粉砂 中粉砂0.032~0.016 mm | 19.7 | 14.76 | 19.2 | 19.27 | 20.05 | 10.84 | 16.36 | 9.95 | 15.84 | 16.36 | 13.79 | 9.55 | 15.36 | 13.72 | 16.69 | 11.49 |
| 黏土<0.004 mm | 11.04 | 25.13 | 10.99 | 20.67 | 16.08 | 4.72 | 17.41 | 6.71 | 14.86 | 16.72 | 7.86 | 7.88 | 9.01 | 8.46 | 14.01 | 11.22 |

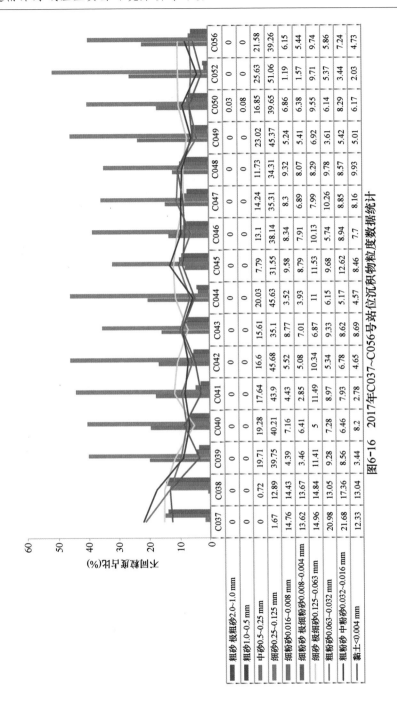

图6-16　2017年C037~C056号站位沉积物物粒度数据统计

| | C037 | C038 | C039 | C040 | C041 | C042 | C043 | C044 | C045 | C046 | C047 | C048 | C049 | C050 | C052 | C056 |
|---|---|---|---|---|---|---|---|---|---|---|---|---|---|---|---|---|
| 粗砂 极粗砂2.0~1.0 mm | 0 | 0 | 0 | 0 | 0 | 0 | 0 | 0 | 0 | 0 | 0 | 0 | 0 | 0.03 | 0 | 0 |
| 粗砂1.0~0.5 mm | 0 | 0 | 0 | 0 | 0 | 0 | 0 | 0 | 0 | 0 | 0 | 0 | 0 | 0.08 | 0 | 0 |
| 中砂0.5~0.25 mm | 0 | 0.72 | 19.71 | 19.28 | 17.64 | 16.6 | 15.61 | 20.03 | 7.79 | 13.1 | 14.24 | 11.73 | 23.02 | 16.85 | 25.63 | 21.58 |
| 细砂0.25~0.125 mm | 1.67 | 12.89 | 39.75 | 40.21 | 43.9 | 45.68 | 35.1 | 45.63 | 31.55 | 38.14 | 35.31 | 34.31 | 45.37 | 39.65 | 51.06 | 39.26 |
| 细砂0.016~0.008 mm | 14.76 | 14.43 | 4.39 | 7.16 | 4.43 | 5.52 | 8.77 | 3.52 | 9.58 | 8.34 | 8.3 | 9.32 | 5.24 | 6.86 | 1.19 | 6.15 |
| 细粉砂 极细粉砂0.008~0.004 mm | 13.62 | 13.67 | 3.46 | 6.41 | 2.85 | 5.08 | 7.01 | 3.93 | 8.79 | 7.91 | 6.89 | 8.07 | 5.41 | 6.38 | 1.57 | 5.44 |
| 细粉砂0.125~0.063 mm | 14.96 | 14.84 | 11.41 | 5 | 11.49 | 10.34 | 6.87 | 11 | 11.53 | 10.13 | 7.99 | 8.29 | 6.92 | 9.55 | 9.71 | 9.74 |
| 粗粉砂0.063~0.032 mm | 20.98 | 13.05 | 9.28 | 7.28 | 8.97 | 5.34 | 9.33 | 6.15 | 9.68 | 5.74 | 10.26 | 9.78 | 3.61 | 6.14 | 5.37 | 5.86 |
| 粗粉砂 中粉砂0.032~0.016 mm | 21.68 | 17.36 | 8.56 | 6.46 | 7.93 | 6.78 | 8.62 | 5.17 | 12.62 | 8.94 | 8.85 | 8.57 | 5.42 | 8.29 | 3.44 | 7.24 |
| 黏土 <0.004 mm | 12.33 | 13.04 | 3.44 | 8.2 | 2.78 | 4.65 | 8.69 | 4.57 | 8.46 | 7.7 | 8.16 | 9.93 | 5.01 | 6.17 | 2.03 | 4.73 |

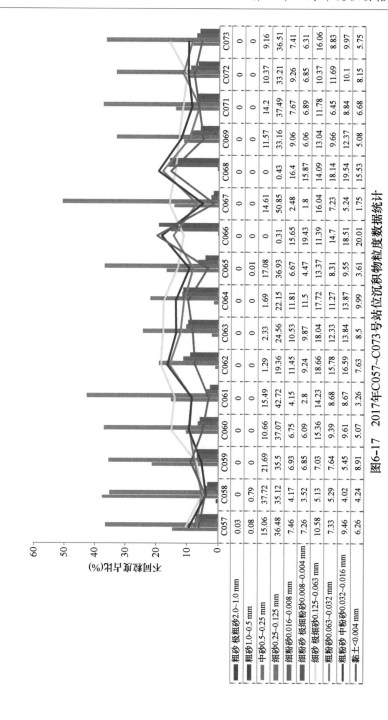

| | C057 | C058 | C059 | C060 | C061 | C062 | C063 | C064 | C065 | C066 | C067 | C068 | C069 | C071 | C072 | C073 |
|---|---|---|---|---|---|---|---|---|---|---|---|---|---|---|---|---|
| 粗砂 极粗砂2.0~1.0 mm | 0.03 | 0 | 0 | 0 | 0 | 0 | 0 | 0 | 0 | 0 | 0 | 0 | 0 | 0 | 0 | 0 |
| 粗砂1.0~0.5 mm | 0.08 | 0.79 | 0 | 0 | 0 | 0 | 0 | 0 | 0.01 | 0 | 14.61 | 0 | 11.57 | 14.2 | 10.37 | 9.16 |
| 中砂0.5~0.25 mm | 15.06 | 37.72 | 21.69 | 10.66 | 15.49 | 1.29 | 2.33 | 1.69 | 17.08 | 0.31 | 50.85 | 0.43 | 33.16 | 37.49 | 33.21 | 36.51 |
| 细砂0.25~0.125 mm | 36.48 | 35.12 | 35.5 | 37.07 | 42.72 | 19.36 | 24.56 | 22.15 | 36.93 | 15.65 | 2.48 | 16.4 | 9.06 | 7.67 | 9.26 | 7.41 |
| 细砂0.016~0.008 mm | 7.46 | 4.17 | 6.93 | 6.75 | 4.15 | 11.45 | 10.53 | 11.81 | 6.67 | 19.43 | 1.8 | 15.87 | 6.06 | 6.89 | 6.85 | 6.31 |
| 细粉砂 极细砂0.008~0.004 mm | 7.26 | 3.52 | 6.85 | 6.09 | 2.8 | 9.24 | 9.87 | 11.5 | 4.47 | 11.39 | 16.04 | 14.09 | 13.04 | 11.78 | 10.37 | 16.06 |
| 细粉砂0.125~0.063 mm | 10.58 | 5.13 | 7.03 | 15.36 | 14.23 | 18.66 | 18.04 | 17.72 | 13.37 | 14.7 | 7.23 | 18.14 | 9.66 | 6.45 | 11.69 | 8.83 |
| 粗粉砂0.063~0.032 mm | 7.33 | 5.29 | 7.64 | 9.39 | 8.68 | 15.78 | 12.33 | 11.27 | 8.31 | 18.51 | 5.24 | 19.54 | 12.37 | 8.84 | 10.1 | 9.97 |
| 粗粉砂 中粉砂0.032~0.016 mm | 9.46 | 4.02 | 5.45 | 9.61 | 8.67 | 16.59 | 13.84 | 13.87 | 9.55 | 20.01 | 1.75 | 15.53 | 5.08 | 6.68 | 8.15 | 5.75 |
| 黏土<0.004 mm | 6.26 | 4.24 | 8.91 | 5.07 | 3.26 | 7.63 | 8.5 | 9.99 | 3.61 | | | | | | | |

图6-17　2017年C057~C073号站位沉积物粒度数据统计

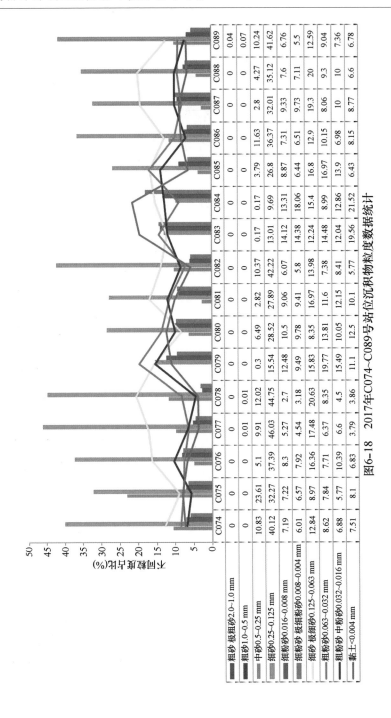

图6-18  2017年C074~C089号站位沉积物粒度数据统计

| | C074 | C075 | C076 | C077 | C078 | C079 | C080 | C081 | C082 | C083 | C084 | C085 | C086 | C087 | C088 | C089 |
|---|---|---|---|---|---|---|---|---|---|---|---|---|---|---|---|---|
| 粗砂 极粗砂2.0~1.0 mm | 0 | 0 | 0 | 0 | 0 | 0 | 0 | 0 | 0 | 0 | 0 | 0 | 0 | 0 | 0 | 0.04 |
| 粗砂1.0~0.5 mm | 0 | 0 | 0 | 0.01 | 0.01 | 0 | 0 | 0 | 0 | 0 | 0 | 0 | 0 | 0 | 0 | 0.07 |
| 中砂0.5~0.25 mm | 10.83 | 23.61 | 5.1 | 9.91 | 12.02 | 0.3 | 6.49 | 2.82 | 10.37 | 0.17 | 0.17 | 3.79 | 11.63 | 2.8 | 4.27 | 10.24 |
| 细砂0.25~0.125 mm | 40.12 | 32.27 | 37.39 | 46.03 | 44.75 | 15.54 | 28.52 | 27.89 | 42.22 | 13.01 | 9.69 | 26.8 | 36.37 | 32.01 | 35.12 | 41.62 |
| 细粉砂0.016~0.008 mm | 7.19 | 7.22 | 8.3 | 5.27 | 2.7 | 12.48 | 10.5 | 9.06 | 6.07 | 14.12 | 13.31 | 8.87 | 7.31 | 9.33 | 7.6 | 6.76 |
| 细粉砂 极细砂0.008~0.004 mm | 6.01 | 6.57 | 7.92 | 4.54 | 3.18 | 9.49 | 9.78 | 9.41 | 5.8 | 14.38 | 18.06 | 6.44 | 6.51 | 9.73 | 7.11 | 5.5 |
| 细粉砂0.125~0.063 mm | 12.84 | 8.97 | 16.36 | 17.48 | 20.63 | 15.83 | 8.35 | 16.97 | 13.98 | 12.24 | 15.4 | 16.8 | 12.9 | 19.3 | 20 | 12.59 |
| 粗粉砂0.063~0.032 mm | 8.62 | 7.84 | 7.71 | 6.37 | 8.35 | 19.77 | 13.81 | 11.6 | 7.38 | 14.48 | 8.99 | 16.97 | 10.15 | 8.06 | 9.3 | 9.04 |
| 粗粉砂 中粉砂0.032~0.016 mm | 6.88 | 5.77 | 10.39 | 6.6 | 4.5 | 15.49 | 10.05 | 12.15 | 8.41 | 12.04 | 12.86 | 13.9 | 6.98 | 10 | 10 | 7.36 |
| 黏土<0.004 mm | 7.51 | 8.1 | 6.83 | 3.79 | 3.86 | 11.1 | 12.5 | 10.1 | 5.77 | 19.56 | 21.52 | 6.43 | 8.15 | 8.77 | 6.6 | 6.78 |

6. C090~C106 号站位

2017 年 C090~C106 号站位沉积物粒度数据统计如图 6-19 所示。

7. C107~C122 号站位

2017 年 C107~C122 号站位沉积物粒度数据统计如图 6-20 所示。

8. C123~C138 号站位

2017 年 C123~C138 号站位沉积物粒度数据统计如图 6-21 所示。

9. C139~C154 号站位

2017 年 C139~C154 号站位沉积物粒度数据统计如图 6-22 所示。

## 6.2.2 不同站位沉积物粒度分析小结

综合以上沉积物粒度分布情况，分析如下。

（1）C001~C015 号站位分析：极粗砂（2.0~1.0 mm）只有 C001 号和 C015 号站位存在，而且含量较低，其他站位都没有；粗砂（1.0~ 0.5 mm）主要集中在 C001 号、C012 号和 C015 号站位，其他站位没有，3 个站位中的含量也不高；中砂（0.5~0.25 mm）主要存在于 C012，其占有明显优势；细砂（0.25~0.125 mm）的分布比较分散，主要集中在 C001 号、C012 号、C014 号和 C015 站位，其次是 C002 号和 C005 号站位，其他站位几乎没有；极细砂（0.125~0.063 mm）、粗粉砂（0.063~0.032 mm）、中粉砂（0.032~0.016 mm）、细粉砂（0.016~0.008 mm）、极细粉砂（0.008~0.004 mm）和黏土（<0.004 mm）分布比较分散，各个站位都有。其中 13 号站位没有极

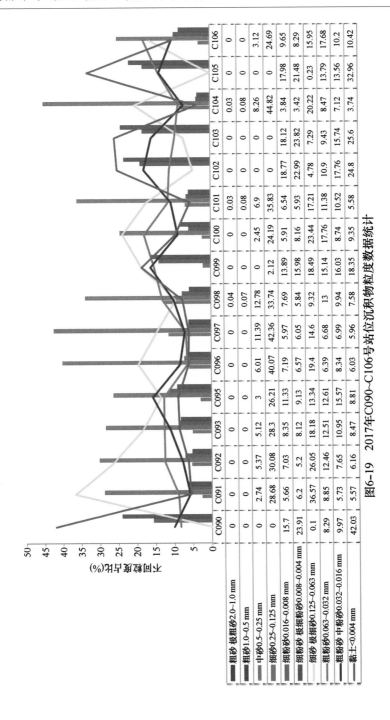

图6-19　2017年C090-C106号站位沉积物粒度数据统计

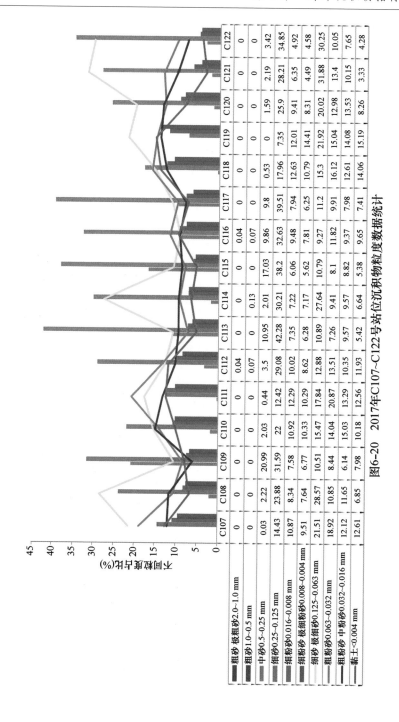

图6-20　2017年C107~C122号站位沉积物粒度数据统计

| | C107 | C108 | C109 | C110 | C111 | C112 | C113 | C114 | C115 | C116 | C117 | C118 | C119 | C120 | C121 | C122 |
|---|---|---|---|---|---|---|---|---|---|---|---|---|---|---|---|---|
| 粗砂 极粗砂2.0~1.0 mm | 0 | 0 | 0 | 0 | 0 | 0.04 | 0 | 0 | 0 | 0.04 | 0 | 0 | 0 | 0 | 0 | 0 |
| 粗砂1.0~0.5 mm | 0 | 0 | 0 | 0 | 0 | 0.07 | 0 | 0.13 | 0 | 0.07 | 0 | 0 | 0 | 0 | 0 | 0 |
| 中砂0.5~0.25 mm | 0.03 | 2.22 | 20.99 | 2.03 | 0.44 | 3.5 | 10.95 | 2.01 | 17.03 | 9.86 | 9.8 | 0.53 | 0 | 1.59 | 2.19 | 3.42 |
| 细砂0.25~0.125 mm | 14.43 | 23.88 | 31.59 | 22 | 12.42 | 29.08 | 42.28 | 30.21 | 38.2 | 32.63 | 39.51 | 17.96 | 7.35 | 25.9 | 28.21 | 34.85 |
| 细粉砂0.016~0.008 mm | 10.87 | 8.34 | 7.58 | 10.92 | 12.29 | 10.02 | 7.35 | 7.22 | 6.06 | 9.48 | 7.94 | 12.63 | 12.01 | 9.41 | 6.35 | 4.92 |
| 细粉砂 极细粉砂0.008~0.004 mm | 9.51 | 7.64 | 6.77 | 10.33 | 10.29 | 8.62 | 6.28 | 7.17 | 5.62 | 7.81 | 6.25 | 10.79 | 14.41 | 8.31 | 4.49 | 4.58 |
| 细粉砂0.125~0.063 mm | 21.51 | 28.57 | 10.51 | 15.47 | 17.84 | 12.88 | 10.89 | 27.64 | 10.79 | 9.27 | 11.2 | 15.3 | 21.92 | 20.02 | 31.88 | 30.25 |
| 粗粉砂0.063~0.032 mm | 18.92 | 10.85 | 8.44 | 14.04 | 20.87 | 13.51 | 7.26 | 9.41 | 8.1 | 11.82 | 9.91 | 16.12 | 15.04 | 12.98 | 13.4 | 10.05 |
| 粗粉砂 中粉砂0.032~0.016 mm | 12.12 | 11.65 | 6.14 | 15.03 | 13.29 | 10.35 | 9.57 | 9.57 | 8.82 | 9.37 | 7.98 | 12.61 | 14.08 | 13.53 | 10.15 | 7.65 |
| 黏土<0.004 mm | 12.61 | 6.85 | 7.98 | 10.18 | 12.56 | 11.93 | 5.42 | 6.64 | 5.38 | 9.65 | 7.41 | 14.06 | 15.19 | 8.26 | 3.33 | 4.28 |

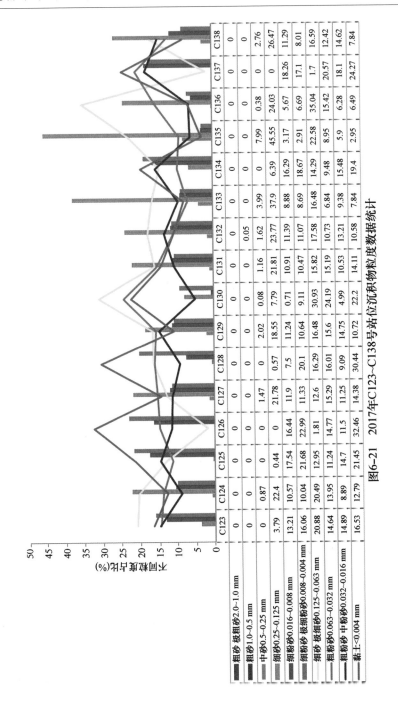

图6-21  2017年C123~C138号站位沉积物粒度数据统计

| | C123 | C124 | C125 | C126 | C127 | C128 | C129 | C130 | C131 | C132 | C133 | C134 | C135 | C136 | C137 | C138 |
|---|---|---|---|---|---|---|---|---|---|---|---|---|---|---|---|---|
| 粗砂 极粗砂2.0~1.0 mm | 0 | 0 | 0 | 0 | 0 | 0 | 0 | 0 | 0 | 0 | 0 | 0 | 0 | 0 | 0 | 0 |
| 粗砂1.0~0.5 mm | 0 | 0 | 0 | 0 | 0 | 0 | 0 | 0 | 1.16 | 0.05 | 3.99 | 0 | 7.99 | 0.38 | 0 | 2.76 |
| 中砂0.5~0.25 mm | 0 | 0.87 | 0 | 0 | 1.47 | 0.57 | 2.02 | 0.08 | 21.81 | 1.62 | 37.9 | 6.39 | 45.55 | 24.03 | 0 | 26.47 |
| 细砂0.25~0.125 mm | 3.79 | 22.4 | 0.44 | 16.44 | 21.78 | 7.5 | 18.55 | 7.79 | 10.91 | 23.77 | 8.88 | 16.29 | 3.17 | 5.67 | 18.26 | 11.29 |
| 极细砂0.016~0.008 mm | 13.21 | 10.57 | 17.54 | 22.99 | 11.9 | 20.1 | 11.24 | 0.71 | 10.47 | 11.39 | 8.69 | 18.67 | 2.91 | 6.69 | 17.1 | 8.01 |
| 细粉砂 极细砂0.008~0.004 mm | 16.06 | 10.04 | 21.68 | 1.81 | 11.33 | 16.29 | 10.64 | 9.11 | 15.82 | 11.07 | 16.48 | 14.29 | 22.58 | 6.69 | 1.7 | 16.59 |
| 细粉砂0.125~0.063 mm | 20.88 | 20.49 | 12.95 | 14.77 | 12.6 | 16.01 | 16.48 | 30.93 | 15.19 | 17.58 | 6.84 | 9.48 | 8.95 | 35.04 | 20.57 | 12.42 |
| 粗粉砂0.063~0.032 mm | 14.64 | 13.95 | 11.24 | 11.5 | 15.29 | 9.09 | 15.6 | 24.19 | 10.53 | 10.73 | 9.38 | 15.48 | 5.9 | 15.42 | 18.1 | 14.62 |
| 粗粉砂 中粉砂0.032~0.016 mm | 14.89 | 8.89 | 14.7 | 32.46 | 11.25 | 30.44 | 14.75 | 4.99 | 14.11 | 13.21 | 7.84 | 19.4 | 2.95 | 6.28 | 24.27 | 7.84 |
| 黏土<0.004 mm | 16.53 | 12.79 | 21.45 | 11.5 | 14.38 | 30.44 | 10.72 | 22.2 | 14.11 | 10.58 | 7.84 | 19.4 | 2.95 | 6.49 | 24.27 | 7.84 |

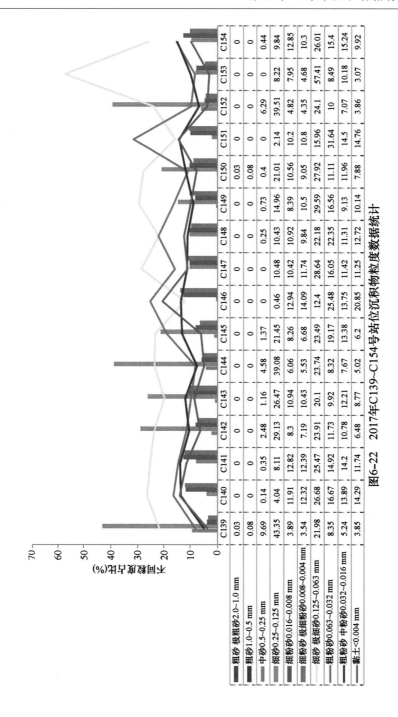

| 站位 | 粗砂 极粗砂2.0~1.0 mm | 粗砂1.0~0.5 mm | 中砂0.5~0.25 mm | 细砂0.25~0.125 mm | 细砂0.016~0.008 mm | 细粉砂 极细粉砂0.008~0.004 mm | 细粉砂0.125~0.063 mm | 粗粉砂0.063~0.032 mm | 粗粉砂 中粉0.032~0.016 mm | 黏土<0.004 mm |
|---|---|---|---|---|---|---|---|---|---|---|
| C139 | 0.03 | 0.08 | 9.69 | 43.35 | 3.89 | 3.54 | 21.98 | 8.35 | 5.24 | 3.85 |
| C140 | 0 | 0 | 0.14 | 4.04 | 11.91 | 12.32 | 26.68 | 16.67 | 13.89 | 14.29 |
| C141 | 0 | 0 | 0.35 | 8.11 | 12.82 | 12.39 | 25.47 | 14.92 | 14.2 | 11.74 |
| C142 | 0 | 0 | 2.48 | 29.13 | 8.3 | 7.19 | 23.91 | 11.73 | 10.78 | 6.48 |
| C143 | 0 | 0 | 1.16 | 26.47 | 10.94 | 10.43 | 20.1 | 9.92 | 12.21 | 8.77 |
| C144 | 0 | 0 | 4.58 | 39.08 | 6.06 | 5.53 | 23.74 | 8.32 | 7.67 | 5.02 |
| C145 | 0 | 0 | 1.37 | 21.45 | 8.26 | 6.68 | 23.49 | 19.17 | 13.38 | 6.2 |
| C146 | 0 | 0 | 0 | 0.46 | 12.94 | 14.09 | 12.4 | 25.48 | 13.75 | 20.85 |
| C147 | 0 | 0 | 0 | 10.48 | 10.42 | 11.74 | 28.64 | 16.05 | 11.42 | 11.25 |
| C148 | 0 | 0 | 0.25 | 10.43 | 10.92 | 9.84 | 22.18 | 22.35 | 11.31 | 12.72 |
| C149 | 0 | 0 | 0.73 | 14.96 | 8.39 | 10.5 | 29.59 | 16.56 | 9.13 | 10.14 |
| C150 | 0.03 | 0.08 | 0.4 | 21.01 | 10.56 | 9.05 | 27.92 | 11.11 | 11.96 | 7.88 |
| C151 | 0 | 0 | 2.14 | 10.2 | 10.8 | 15.96 | 31.64 | 14.5 | 0 | 14.76 |
| C152 | 0 | 0 | 6.29 | 39.51 | 4.82 | 4.35 | 24.1 | 10 | 7.07 | 3.86 |
| C153 | 0 | 0 | 8.22 | 7.95 | 4.68 | 0 | 57.41 | 8.49 | 10.18 | 3.07 |
| C154 | 0 | 0 | 0.44 | 9.84 | 12.85 | 10.3 | 26.01 | 15.4 | 15.24 | 9.92 |

图6-22　2017年C139~C154号站位沉积物粒度数据统计

粗砂（2.0~1.0 mm）、粗砂（1.0~0.5 mm）和中砂（0.5~0.25 mm）；细砂（0.25~0.125 mm）含量最少；极细砂（0.125~0.063 mm）次之；粗粉砂（0.063~0.032 mm）、中粉砂（0.032~0.016 mm）、细粉砂（0.016~0.008 mm）、极细粉砂（0.008~0.004 mm）和黏土（<0.004 mm）分布比较均匀。

（2）C016~C036 号站位分析：极粗砂（2.0~1.0 mm）在各个站位都没有；粗砂（1.0~0.5 mm）主要集中在 C028 号、C029 号和 C036 号站位，其他站位没有，并且 3 个站位中的含量不高；中砂（0.5~0.25 mm）只有 4 个站位没有，其他站位都有一定的含量；细砂（0.25~0.125 mm）的分布比较分散，只有 2 个站位没有，其他站位都有，其中 C029 号站位含量最高；细粉砂（0.016~0.008 mm）、极细粉砂（0.008~0.004 mm）、极细砂（0.125~0.063 mm）、粗粉砂（0.063~0.032 mm）、中粉砂（0.032~0.016 mm）和黏土（<0.004 mm）分布比较分散，各个站位都有。

（3）C037~C056 号站位分析：极粗砂（2.0~1.0 mm）只在 C050 号站位有少量，其他各个站位都没有；粗砂（1.0~0.5 mm）只在 C050 号站位有少量，其他各个站位都没有；中砂（0.5~0.25 mm）只有 C037 号站位没有，其他站位都有一定的含量；细砂（0.25~0.125 mm）的分布比较分散，所有站位都有，而且含量较高，占有明显优势；细粉砂（0.016~0.008 mm）、极细粉砂（0.008~0.004 mm）、极细砂（0.125~0.063 mm）、粗粉砂（0.063~0.032 mm）、中粉砂（0.032~0.016 mm）和黏土（<0.004 mm）分布比较分散，各个站位都有。

（4）C057~C073 号站位分析：极粗砂（2.0~1.0 mm）只存在于 C057 号站位，其他各个站位都没有；粗砂（1.0~0.5 mm）主要集中在 C057 号、C058 号和 C065 号站位，其他站位没有，并且 3 个站位中的含量不高；中砂（0.5～0.25 mm）只有 C066 号和 C068 号这 2 个站位没有，其他站位都有一定的含量；细砂（0.25～0.125 mm）的分布比较分散，所有站位都有，占有明显优势，其中 C067 号站位含量最高；极细砂（0.125～0.063 mm）、粗粉砂（0.063～0.032 mm）、中粉砂（0.032～0.016mm）、细粉砂（0.016～0.008 mm）、极细粉砂（0.008～0.004 mm）和黏土（<0.004 mm）分布比较分散，各个站位都有。

（5）C074～C089 号站位分析：极粗砂（2.0～1.0 mm）在各个站位都没有；粗砂（1.0～0.5 mm）主要集中在 C077 号、C078 号和 C089 号站位，其他站位没有，并且 3 个站位中的含量不高；中砂（0.5～0.25 mm）每个站位都有一定的含量，但是含量不高；细砂（0.25～0.125 mm）的分布比较分散，每个站位都有，占有明显优势，其中 C077 号站位含量最高；极细砂（0.125～0.063 mm）、粗粉砂（0.063～0.032 mm）、中粉砂（0.032～0.016 mm）、细粉砂（0.016～0.008 mm）、极细粉砂（0.008～0.004 mm）和黏土（<0.004 mm）分布比较分散，各个站位都有。

（6）C090～C106 号站位分析：极粗砂（2.0～1.0 mm）和粗砂（1.0～0.5 mm）只有 C098 号、C101 号和 C104 号站位有，且含量很少；中砂（0.5～0.25 mm）只有 5 个站位没有，其他站位都有一定的含量；细砂（0.25～0.125 mm）的分布比较分散，只有 4 个站位没有，其他站位都有，其中 C104 站位含量最高；极细砂（0.125～0.063 mm）、粗粉砂（0.063～0.032 mm）、中粉砂（0.032～0.016 mm）、细粉砂（0.016～0.008 mm）、极细粉砂（0.008～0.004 mm）和黏土（<0.004 mm）分布比较分散，各个站位都有。

（7）C107～C122 号站位分析：极粗砂（2.0～1.0 mm）只有 2 个站位有，其他站位都没有；粗砂（1.0～0.5 mm）主要集中在 C112 号、

C114 号和 C116 号站位，其他站位没有，并且 3 个站位中的含量不高；中砂（0.5~0.25 mm）只有 1 个站位没有，其他站位都有一定的含量；细砂（0.25~0.125 mm）的分布比较分散，其中 C113 号站位含量最高；极细砂（0.125~0.063 mm）、粗粉砂（0.063~0.032 mm）、中粉砂（0.032~0.016 mm）、细粉砂（0.016~0.008 mm）、极细粉砂（0.008~0.004 mm）和黏土（<0.004 mm）分布比较分散，各个站位都有。

（8）C123~C138 号站位分析：极粗砂（2.0~1.0 mm）在各个站位都没有；粗砂（1.0~0.5 mm）只有 C132 号 1 个站位有且含量不高；中砂（0.5~0.25 mm）只有 6 个站位没有，其他站位都有一定的含量；细砂（0.25~0.125 mm）的分布比较分散，其中 C135 站位含量最高；极细砂（0.125~0.063 mm）、粗粉砂（0.063~0.032 mm）、中粉砂（0.032~0.016 mm）、细粉砂（0.016~0.008 mm）、极细粉砂（0.008~0.004 mm）和黏土（<0.004 mm）分布比较分散，各个站位都有。

（9）C139~C154 号站位分析：极粗砂（2.0~1.0 mm）和粗砂（1.0~0.5 mm）只有 C139 号和 C150 号 2 个站位有且含量不高；中砂（0.5~0.25 mm）只有 4 个站位没有，其他站位都有一定的含量；细砂（0.25~0.125 mm）的分布比较分散，其中 C139 号站位含量最高；极细砂（0.125~0.063 mm）、粗粉砂（0.063~0.032 mm）、中粉砂（0.032~0.016 mm）、细粉砂（0.016~0.008 mm）、极细粉砂（0.008~0.004 mm）和黏土（<0.004 mm）分布比较分散，各个站位都有。

# 6.3　筛分法沉积物粒度质量分析

## 6.3.1　不同站位筛分法沉积物粒度质量分析

1. C001~C040 号站位质量

C001~C040 号站位筛分法沉积物粒度分析质量数据如图 6-23 所示。

2. C041~C080 号站位质量

C041~C080 站位筛分法沉积物粒度分析质量数据如图 6-24 所示。

3. C081~C120 号站位质量

C081~C120 号站位筛分法沉积物粒度分析数据如图 6-25 所示。

4. C121~C154 号站位质量

C121~C154 站位筛分法沉积物粒度分析数据如图 6-26 所示。

5. C001~C040 号站位质量比重

C001~C040 号站位筛分法沉积物粒度分析质量比重数据如图 6-27 所示。

6. C041~C080 号站位质量比重

C041~C080 号站位筛分法沉积物粒度分析质量比重数据如图 6-28 所示。

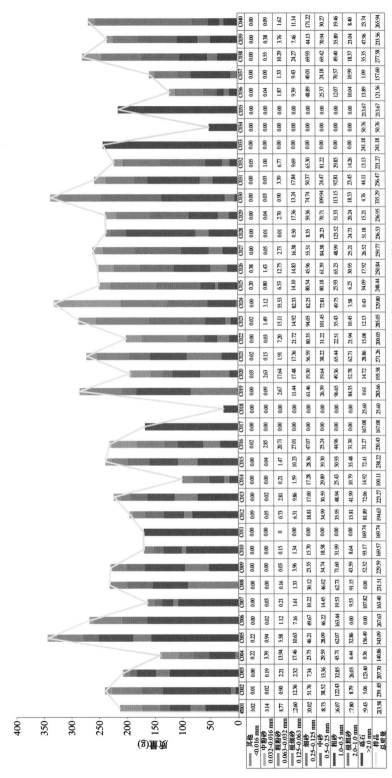

图6-23 C001~C040号站位筛分法沉积物粒度分析质量数据

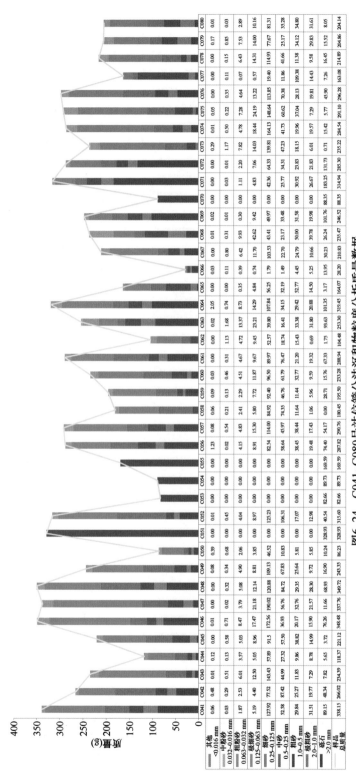

图6-24  C041～C080号站位筛分法沉积物粒度分析质量数据

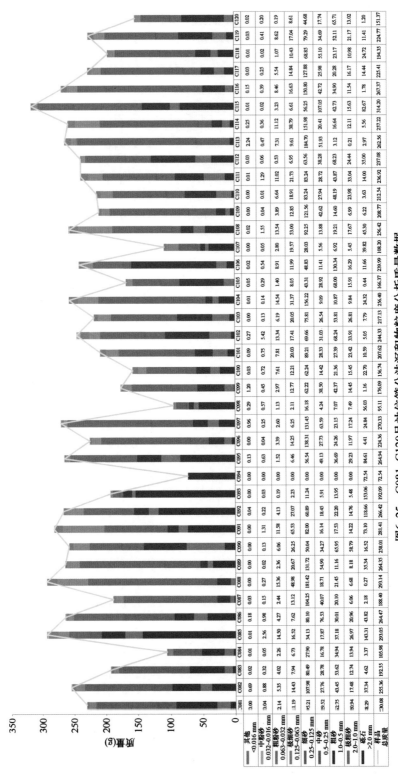

图6-25　C081~C120号站位筛分法沉积物粒度分析质量数据

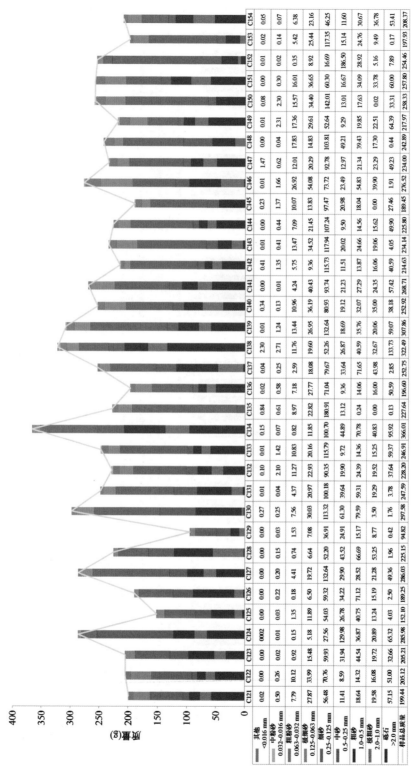

图6-26　C121~C154号站位筛分法沉积物粒度分析质量数据

质量(g)

| 粒级 | C121 | C122 | C123 | C124 | C125 | C126 | C127 | C128 | C129 | C130 | C131 | C132 | C133 | C134 | C135 | C136 | C137 | C138 | C139 | C140 | C141 | C142 | C143 | C144 | C145 | C146 | C147 | C148 | C149 | C150 | C151 | C152 | C153 | C154 |
|---|---|---|---|---|---|---|---|---|---|---|---|---|---|---|---|---|---|---|---|---|---|---|---|---|---|---|---|---|---|---|---|---|---|---|
| 其他 <0.016 mm | 0.02 | 0.00 | 0.00 | 0.0002 | 0.00 | 0.00 | 0.00 | 0.00 | 0.00 | 0.27 | 0.01 | 0.10 | 0.01 | 0.15 | 0.84 | 0.02 | 0.04 | 2.30 | 0.01 | 0.34 | 0.00 | 0.41 | 0.01 | 0.00 | 0.23 | 0.01 | 1.47 | 0.00 | 0.01 | 0.08 | 0.00 | 0.01 | 0.02 | 0.05 |
| 中粉砂 0.032~0.016 mm | 0.50 | 0.26 | 0.02 | 0.01 | 0.03 | 0.22 | 0.20 | 0.15 | 0.03 | 0.25 | 0.04 | 2.10 | 1.42 | 0.07 | 0.61 | 0.58 | 0.25 | 2.71 | 1.24 | 0.13 | 0.01 | 1.35 | 0.41 | 0.44 | 1.37 | 1.66 | 0.62 | 0.04 | 2.31 | 2.30 | 0.30 | 0.02 | 0.14 | 0.07 |
| 粗粉砂 0.063~0.032 mm | 7.79 | 10.12 | 0.92 | 0.15 | 1.35 | 0.18 | 4.41 | 0.74 | 1.53 | 7.56 | 4.37 | 11.27 | 10.83 | 0.82 | 8.97 | 7.18 | 2.59 | 11.76 | 13.44 | 10.96 | 4.24 | 5.75 | 13.47 | 7.09 | 10.07 | 26.92 | 12.01 | 17.83 | 17.36 | 15.57 | 16.01 | 0.35 | 5.42 | 6.38 |
| 极细砂 0.125~0.063 mm | 27.87 | 33.99 | 15.48 | 5.18 | 11.89 | 6.50 | 19.72 | 6.64 | 7.08 | 30.03 | 20.97 | 22.93 | 20.16 | 11.85 | 22.82 | 27.77 | 18.08 | 19.60 | 26.95 | 36.19 | 40.43 | 9.36 | 34.52 | 21.45 | 13.83 | 54.08 | 20.29 | 14.83 | 29.61 | 34.40 | 36.65 | 8.92 | 25.44 | 23.16 |
| 细砂 0.25~0.125 mm | 56.48 | 70.76 | 59.93 | 27.56 | 54.03 | 59.32 | 132.64 | 52.20 | 36.91 | 113.32 | 100.18 | 90.35 | 115.79 | 100.70 | 180.91 | 71.04 | 79.67 | 52.26 | 132.64 | 80.93 | 93.74 | 115.73 | 117.94 | 107.24 | 97.47 | 73.72 | 92.78 | 103.81 | 52.64 | 142.01 | 60.30 | 16.69 | 117.35 | 46.25 |
| 中砂 0.5~0.25 mm | 11.41 | 8.59 | 31.94 | 129.98 | 26.78 | 34.22 | 29.00 | 43.52 | 24.91 | 61.30 | 39.64 | 19.90 | 9.72 | 44.89 | 13.12 | 9.36 | 33.64 | 26.87 | 18.69 | 19.12 | 21.23 | 11.51 | 20.02 | 9.50 | 20.98 | 23.49 | 12.97 | 49.21 | 9.29 | 13.01 | 16.67 | 186.50 | 15.14 | 11.60 |
| 粗砂 1.0~0.5 mm | 18.64 | 14.32 | 44.54 | 36.87 | 40.75 | 71.12 | 28.52 | 66.69 | 15.17 | 79.59 | 59.31 | 24.39 | 14.36 | 70.78 | 0.24 | 14.06 | 71.65 | 40.59 | 35.76 | 32.07 | 27.29 | 13.87 | 24.66 | 14.56 | 18.04 | 54.83 | 21.34 | 39.43 | 19.85 | 17.63 | 34.09 | 28.92 | 24.76 | 30.67 |
| 极粗砂 2.0~1.0 mm | 19.58 | 16.08 | 19.72 | 20.89 | 13.24 | 15.19 | 21.28 | 53.25 | 8.77 | 3.50 | 19.29 | 19.52 | 15.25 | 40.83 | 0.00 | 16.00 | 43.98 | 32.67 | 20.06 | 35.00 | 24.35 | 16.06 | 19.06 | 15.62 | 0.00 | 39.90 | 23.29 | 17.30 | 22.51 | 0.02 | 33.78 | 5.16 | 9.49 | 36.78 |
| 砾石 >2.0 mm | 57.15 | 51.00 | 32.66 | 65.32 | 4.03 | 2.50 | 49.36 | 1.96 | 0.42 | 1.76 | 3.78 | 37.64 | 59.37 | 95.92 | 0.13 | 50.59 | 2.85 | 133.73 | 59.07 | 38.18 | 57.42 | 40.59 | 4.05 | 49.90 | 27.46 | 1.91 | 49.23 | 0.44 | 64.39 | 33.31 | 60.00 | 7.89 | 0.17 | 53.41 |
| 样品总质量 | 199.44 | 205.12 | 205.21 | 285.98 | 152.10 | 189.25 | 286.03 | 225.15 | 94.82 | 297.58 | 247.59 | 228.20 | 246.91 | 366.01 | 227.64 | 196.60 | 252.75 | 322.49 | 307.86 | 252.92 | 268.71 | 214.63 | 234.14 | 225.80 | 189.45 | 276.52 | 234.00 | 242.89 | 217.97 | 258.33 | 257.80 | 254.46 | 197.93 | 208.37 |

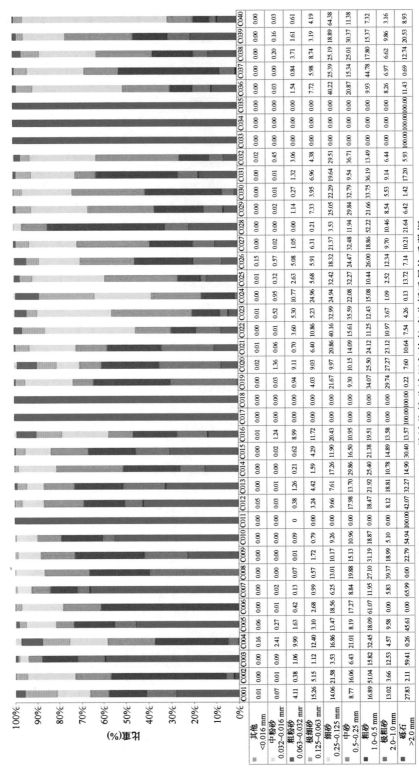

图6-27 C001~C040号站位筛分法沉积物粒度分析质量比重数据

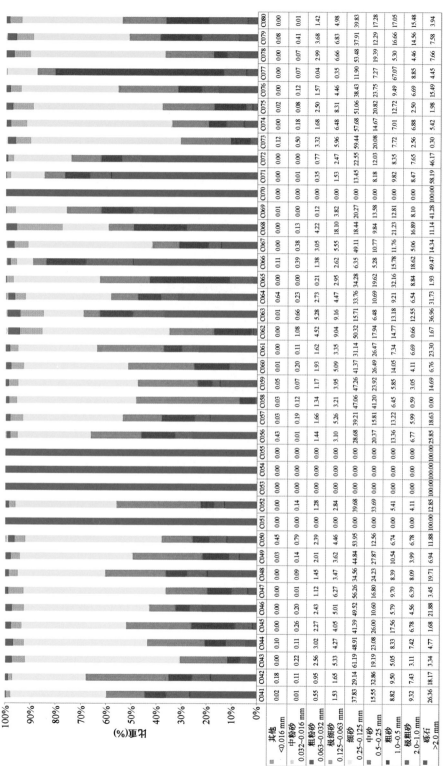

图6-28 C041~C080号站位筛分法沉积物粒度分析质量比重数据

7. C081~C120 号站位质量比重

C081~C120 号站位筛分法沉积物粒度分析质量比重数据如图 6-29 所示。

8. C121~C154 号站位质量比重

C121~C154 号站位筛分法沉积物粒度分析质量比重数据如图 6-30 所示。

## 6.3.2 不同站位筛分法沉积物粒度质量分析小结

由筛分法沉积物粒度分析质量及其比重数据可知：

由图 6-23 可见，C001~C040 号站位的沉积物中样品总质量为 25.6~343 g，C005 号站位的沉积物中样品总质量最高，C018 号站位的沉积物中样品总质量最低；其中砾石（大于 2.0 mm）的占比最高。

由图 6-24 可见，C041~C080 号站位的沉积物中样品总质量为 28.2~349 g，C048 号站位的沉积物中样品总质量最高，C066 号站位的沉积物中样品总质量最低；其中细砂（0.25~0.125 mm）和砾石（大于 2.00 mm）的占比都较高。

由图 6-25 可见，C081~C120 号站位的沉积物中样品总质量为 72.5~314 g，C115 号站位的沉积物中样品总质量最高；C094 号站位的沉积物中样品总质量最低；其中细砂（0.25~0.125 mm）的占比最高。

由图 6-26 可见，C121~C154 号站位的沉积物中样品总质量为 94.82~366 g，C134 号站位的沉积物中样品总质量最高；C129 号站位的沉积物中样品总质量最低；其中细砂（0.25~0.125 mm）的占比最高。

图6-29 C081~C120号站位筛分法沉积物粒度分析质量比重数据

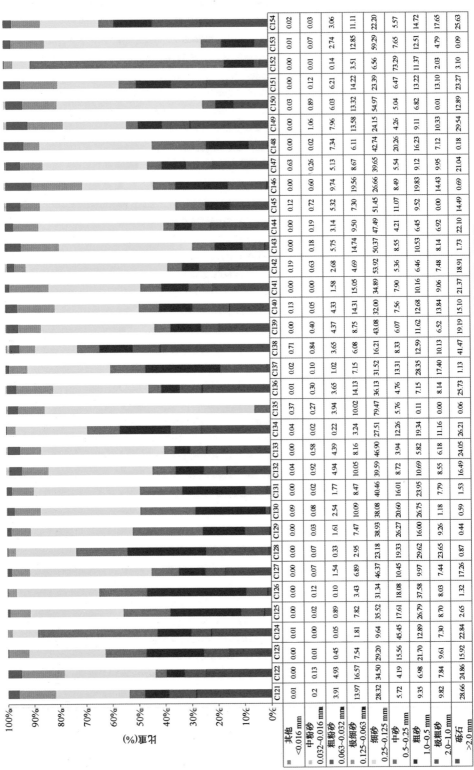

图6-30 C121~C154号站位筛分法沉积物粒度分析质量比重数据

由图 6-27 可见，在 C001~C040 号站位中，其他（小于 0.016 mm）在各个站位分布都很少，绝大多数为 0；中粉砂（0.032~0.016 mm）主要存在于 16 号和 20 号站位，其比重分别为 1.24% 和 1.36%；粗粉砂（0.063~0.032 mm）主要存在于 16 号和 24 号站位，其比重分别为 8.99% 和 10.77%；极细砂（0.125~0.063 mm）主要存在于 24 号站位，其比重为 24.96%；细砂（0.25~0.125 mm）主要存在于 22 号和 36 号站位，其比重分别为 40.16% 和 40.22%；中砂（0.5~0.25 mm）主要存在于 23 号和 32 号站位，其比重分别为 35.59% 和 36.71%；粗砂（1.0~0.5 mm）主要存在于 2 号、6 号和 28 号站位，其比重分别为 51.04%、61.07% 和 52.22%；极粗砂（2.0~1.0 mm）主要存在于 8 号、19 号和 20 号站位，其比重分别为 39.37%、29.74% 和 27.27%；砾石（大于 2.0 mm）主要存在于 11 号、17 号、18 号、33 号、34 号和 35 号站位，其比重都为 100%。

由图 6-28 可见，在 C041~C080 号站位中，其他（小于 0.016 mm）在各个站位分布都很少，绝大多数为 0；中粉砂（0.032~0.016 mm）在各个站位分布都很少；粗粉砂（0.063~0.032 mm）主要存在于 63 号站位，其比重为 5.28%；极细砂（0.125~0.063 mm）主要存在于 68 号站位，其比重为 18.1%；细砂（0.25~0.125 mm）主要存在于 43 号、47 号和 73 号站位，其比重分别为 61.19%、56.26% 和 59.44%；中砂（0.5~0.25 mm）主要存在于 52 号和 58 号站位，其比重分别为 33.69% 和 41.20%；粗砂（1.0~0.5 mm）主要存在于 65 号和 68 号站位，其比重分别为 32.16% 和 21.23%；极粗砂（2.0~1.0mm）主要存在于 66 号和 68 号站位，其比重分别为 18.62% 和 16.89%；砾石（大于 2.0 mm）主要存在于 51 号、53 号、54 号、55 号和 70 号站位，其比重都为 100%。

由图 6-29 可见，在 C081~C120 号站位中，其他（小于 0.016 mm）在各个站位分布都很少，绝大多数为 0；中粉砂（0.032~0.016 mm）主要存在于 98 号、108 号和 111 号站位，其比重分别为 0.6%、0.6%、0.54%；粗粉砂（0.063~0.032 mm）主要存在于 88 号和 104 号站位，其比重分别为 5.24% 和 5.67%；极细砂（0.125~0.063 mm）主要存在于 91 号和 108 号站位，其比重分别为 23.29% 和 20.67%；细砂（0.25~0.125 mm）主要存在于 88 号、96 号和 104 号站位，其比重分别为 61.89%、61.65% 和 60.93%；中砂（0.5~0.25 mm）主要存在于 97 号和 118 号站，其比重分别为 23.52% 和 28.35%；粗砂（1.0~0.5 mm）主要存在于 105 号和 106 号站位，其比重分别为 40.87% 和 54.31%；极粗砂（2.0~1.0 mm）主要存在于 90 号站位，其比重为 22.79%；砾石（大于 2.0 mm）主要存在于 94 号站位，其比重为 100%。

由图 6-30 可见，在 C121~C154 号站位中，其他（小于 0.016 mm）和中粉砂（0.032~0.016 mm）在各个站位分布都很少，绝大多数为 0；粗粉砂（0.063~0.032 mm）主要存在于 146 号和 149 号站位，其比重分别为 9.74% 和 7.96%；极细砂（0.125~0.063 mm）主要存在于 146 号站位，其比重为 19.56%；细砂（0.25~0.125 mm）主要存在于 153 号站位，其比重为 59.29%；中砂（0.5~0.25 mm）主要存在于 152 号站，其比重为 73.29%；粗砂（1.0~0.5 mm）主要存在于 126 号站位，其比重为 37.58%；极粗砂（2.0~1.0 mm）主要存在于 128 号站位，其比重为 23.65%；砾石（大于 2.0 mm）主要存在于 149 号站位，其比重为 29.54%。

## 6.4　海洋沉积物综合评价

通过综合评价可知，本研究所调查海域海洋沉积物的各站位指标均优于《海洋沉积物质量》标准的第一类标准值，通过单站位单项指标质量分级，单站位沉积物质量分级以及区域沉积物质量综合评价，可知调查海域沉积物综合评价质量为良好。

## 6.5 海洋沉积物重金属污染评价

调查海域海洋沉积物重金属污染评价结果如图6-31所示。

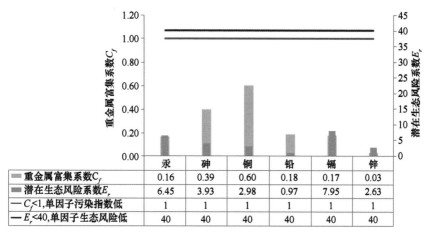

| | 汞 | 砷 | 铜 | 铅 | 镉 | 锌 |
|---|---|---|---|---|---|---|
| ▨ 重金属富集系数$C_f$ | 0.16 | 0.39 | 0.60 | 0.18 | 0.17 | 0.03 |
| ▨ 潜在生态风险系数$E_r$ | 6.45 | 3.93 | 2.98 | 0.97 | 7.95 | 2.63 |
| —$C_f<1$，单因子污染指数低 | 1 | 1 | 1 | 1 | 1 | 1 |
| —$E_r<40$，单因子生态风险低 | 40 | 40 | 40 | 40 | 40 | 40 |

图 6-31 海洋沉积物重金属污染评价结果

由图6-31可见，海洋沉积物重金属污染单因子污染指数小于1，属于"低污染"程度；单因子生态风险指数小于40，属于"低风险"程度。

## 6.6 海洋沉积物综合评价小结

综上所述，调查海域海洋沉积物化学指标中有机碳、石油类、铜、铅、锌、镉、汞、砷、硫化物和多氯联苯通过单因子指数法评价可知，其均优于《海洋沉积物质量》标准中第一类标准要求，调查海域海洋沉积物综合评价质量为良好。

总氮、总磷数据分析：总氮存在于绝大多数站位，只有个别站位没有，分别是 9 号、17 号、18 号、19 号、26 号、28 号和 35 号站位，总氮含量较多的主要有 2 号、5 号、14 号、58 号和 59 号站位，含量较少的有 10 号、11 号、38 号和 56 号站位；总磷存在于绝大多数站位，只有个别站位没有，分别是 9 号、17 号、18 号、19 号、26 号、28 号和 35 号站位，总磷含量较多的主要有 49 号、58 号、59 号和 63 号站位，含量较少的有 38 号、44 号和 56 号站位。

有机质数据分析：有机质存在于绝大多数站位，只有个别站位内没有，分别是 9 号、17 号、18 号、19 号、26 号、28 号和 35 号站位；有机质含量较多的主要有 2 号、6 号、7 号、14 号和 16 号站位，有机质含量较少的主要有 22 号、23 号、40 号和 60 号站位。

多环芳烃数据分析：存在于绝大多数站位，只有个别站位没有，分别是 9 号、17 号、18 号、19 号、26 号、28 号和 35 号站位；含量较高的主要有 6 号、7 号、25 号、27 号、34 号和 36 号站位；含量较少的主要有 50 号、56 号、57 号和 64 号站位。

海洋沉积物粒度分布情况：C001～C154 号站位的沉积物中样品总质量为 25.6～366 g；C018 号站位的沉积物中样品总质量最低；C134 号站位的沉积物中样品总质量最高；细砂（0.25～0.125 mm）的占比最高；其他（<0.016 mm）在各个站位分布都很少，绝大多数为 0；中粉砂（0.032～0.016 mm）主要存在于 16 号和 20 号站位，比重分别为 1.24% 和 1.36%；粗粉砂（0.063～0.032 mm）主要存在于 24 号和 146 号站位，比重分别为 10.77% 和 9.74%；极细砂（0.125～0.063 mm）主要存在于 24 号和 91 号站位，比重分别为 24.96% 和 23.29%；细砂（0.25～0.125 mm）主要存在于 43 号、88 号和 96 号站位，比重分别为

61.19%、61.89%和 61.65%；中砂（0.5～0.25 mm）主要存在于 152 号站，比重为 73.29%；粗砂（1.0～0.5 mm）主要存在于 6 号站位，比重为 61.07%；极粗砂（2.0～1.0 mm）主要存在于 8 号站位，比重为 39.37%；砾石（>2.0 mm）主要存在于 11 号、17 号、18 号、33 号、34 号、51 号、53 号、55 号、70 号和 94 号站位。

海洋沉积物重金属污染单因子污染指数小于 1，属于"低污染"程度；单因子生态风险指数小于 40，属于"低风险"程度，均处于最好水平。

# 第7章　海洋生物资源评价

本研究对大连南部海域生物资源中叶绿素、初级生产力、浮游植物、浮游动物、鱼类浮游生物、病原微生物（大肠杆菌，弧菌）和渔业资源调查共布设了14个站位，其中1号和2号站位是特殊功能区，3号站位是海洋保护区，其他站位是保留区。

对底栖生物的调查共布设了154个站位，其中19~26号站位是特殊功能区，13号站位是海洋保护区，1~10号、17号站位是旅游区，其他站位是保留区。

## 7.1　海洋生物资源分析与评价

### 7.1.1　叶绿素

叶绿素四季分布情况如图7-1和图7-2所示。

由图7-1可见，1~7号站位叶绿素主要出现在冬季的表层和底层，春季表层也相对丰富，底层较少，夏季和秋季含量更少。

由图7-2可见，8~14号站位叶绿素主要分布于冬季底层中，其次是冬季表层，春季比冬季略少，其次是秋季，夏季最少。

叶绿素与水温的相关性分析如图7-3和图7-4所示。

由图7-3可见，随着水体温度的升高，表层叶绿素的含量有显著下降趋势。

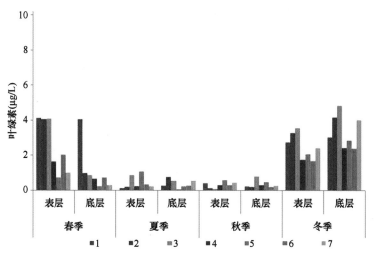

图 7-1 1~7 号站位叶绿素四季分布情况

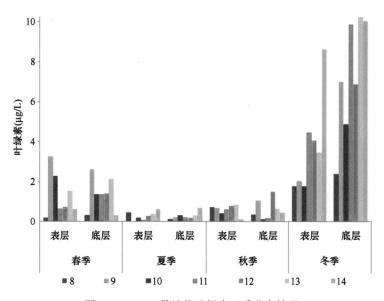

图 7-2 8~14 号站位叶绿素四季分布情况

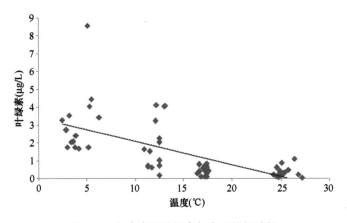

图 7-3　海水表层叶绿素与水温的相关性

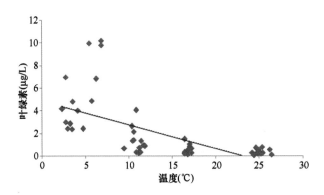

图 7-4　海水底层叶绿素与水温的相关性

由图 7-4 可见，随着水体温度的升高，底层叶绿素的含量也有显著下降趋势。

叶绿素与盐度的相关性分析如图 7-5 和图 7-6 所示。

由图 7-5 可见，随着水体盐度的升高，表层叶绿素的含量有少许上升的趋势。

由图 7-6 可见，随着水体盐度的升高，底层叶绿素的含量也有少许上升的趋势。

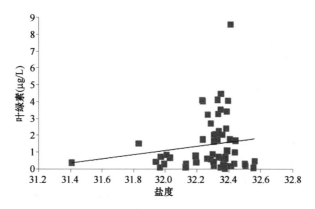

图 7-5　海水表层叶绿素与盐度的相关性

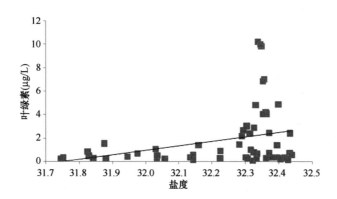

图 7-6　海水底层叶绿素与盐度的相关性

## 7.1.2　初级生产力

初级生产力变化情况如图 7-7 至图 7-9 所示。

由图 7-7 可见，1~7 号站位初级生产力从大到小依次是春季、冬季、夏季、秋季。

由图 7-8 可见，8~14 号站位初级生产力春季和冬季较大一些，然后是秋季，最后是夏季。

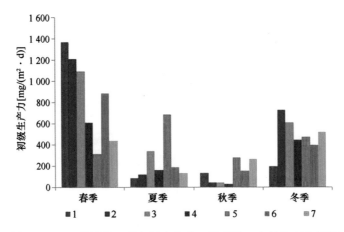

图 7-7　1~7 号站位四季初级生产力（以碳计）各站位变化情况

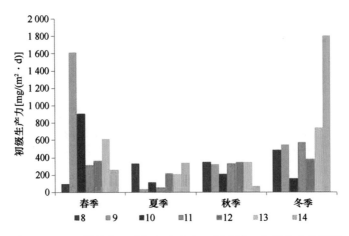

图 7-8　8~14 号站位四季初级生产力（以碳计）各站位变化情况

　　由图 7-9 可见，四季的初级生产力最高值出现在 14 号站位的冬季，其次是 1 号站位和 9 号站位的春季，最低值出现在秋季的 2 号、3 号和 4 号站位。

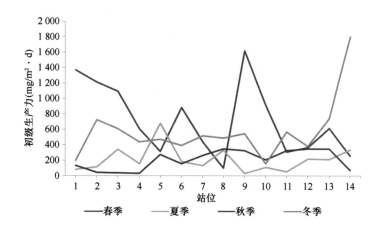

图 7-9　不同站位四季初级生产力（以碳计）变化情况

### 7.1.3　浮游植物

1. 种类组成

本项目调查海域共检出浮游植物 74 种（见附表 7-1），其中硅藻类 55 种，甲藻类 18 种，金藻 1 种。春季共检出浮游植物 27 种，其中硅藻类 21 种，甲藻类 6 种。夏季共检出浮游植物 37 种，其中硅藻类 26 种，甲藻类 11 种。秋季共检出浮游植物 38 种，其中硅藻类 30 种，甲藻类 8 种。冬季共检出浮游植物 26 种，其中硅藻类 22 种，甲藻类 3 种，金藻类 1 种。调查区内站位春季浮游植物的优势种类较多，主要为密联角毛藻、圆筛藻、中肋骨条藻、具槽直链藻、夜光藻和丹麦细柱藻。不同门类浮游植物占比如图 7-10 所示。

由图 7-10 可见，浮游植物中硅藻占比最高。

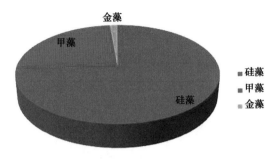

图 7-10　不同门类浮游植物占比

## 2. 生物量分布特征

调查海域全年各站位浮游植物平均数量为 11 403 310 个，各站位数量波动范围为 5 069 325~19 760 350 个，6 号站位数量最少（5 069 325 个），14 号站位数量最多（19 760 350 个）。

调查海域春季各站位浮游植物平均数量为 312 071 个，各站位数量波动范围为 37 975~1 950 575 个，9 号站位数量最少（37 975 个），7 号站位数量最多（1 950 575 个）。

调查海域夏季各站位浮游植物平均数量为 339 666 个，各站位数量波动范围为 67 450~1 043 600 个，9 号站位数量最少（67 450 个），3 号站位数量最多（1 043 600 个）。

调查海域秋季各站位浮游植物平均数量为 304 754 个，各站位数量波动范围为 108 000~684 500 个，1 号站位数量最少（108 000 个），2 号站位数量最多（684 500 个）。

调查海域冬季各站位浮游植物平均数量为 10 446 817 个，各站位数量波动范围为 3 830 000~19 298 000 个，7 号站位数量最少（3 830 000 个），14 号站位数量最多（19 298 000 个）。

不同站位四季及全年浮游植物生物数量变化如图 7-11 所示。

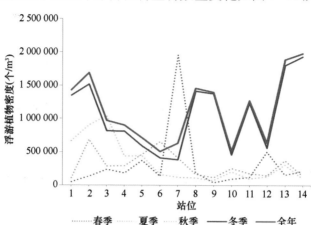

图 7-11　不同站位四季及全年浮游植物生物数量变化

由图 7-11 可见，不同站位全年浮游植物生物数量随着季节的变化在冬季出现显著升高趋势，冬季浮游生物数量达到最多。

3. 优势种分布情况

各站位优势种在四季的站位分布情况如图 7-12 至图 7-15 所示。

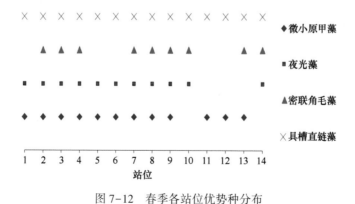

图 7-12　春季各站位优势种分布

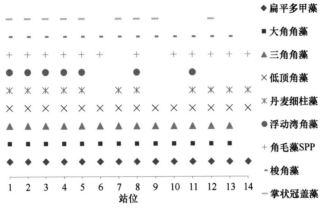

图 7-13　夏季各站位优势种分布

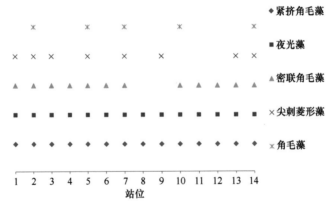

图 7-14　秋季各站位优势种分布

## 4. 群落特征

在调查海域，各季节浮游植物种类平均为 41 种，各季节浮游植物种类波动范围为 34~50 种，最大值出现在夏季（50 种），最小值出现在冬季（34 种）。

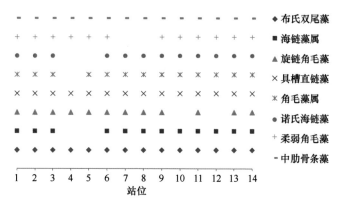

图 7-15　冬季各站位优势种分布

春季浮游植物群落特征参数如图 7-16 所示。

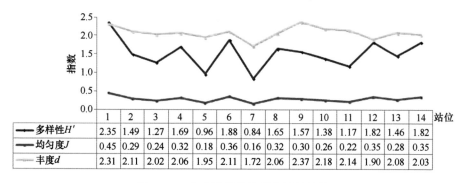

| | 1 | 2 | 3 | 4 | 5 | 6 | 7 | 8 | 9 | 10 | 11 | 12 | 13 | 14 |
|---|---|---|---|---|---|---|---|---|---|---|---|---|---|---|
| 多样性 $H'$ | 2.35 | 1.49 | 1.27 | 1.69 | 0.96 | 1.88 | 0.84 | 1.65 | 1.57 | 1.38 | 1.17 | 1.82 | 1.46 | 1.82 |
| 均匀度 $J$ | 0.45 | 0.29 | 0.24 | 0.32 | 0.18 | 0.36 | 0.16 | 0.32 | 0.30 | 0.26 | 0.22 | 0.35 | 0.28 | 0.35 |
| 丰度 $d$ | 2.31 | 2.11 | 2.02 | 2.06 | 1.95 | 2.11 | 1.72 | 2.06 | 2.37 | 2.18 | 2.14 | 1.90 | 2.08 | 2.03 |

图 7-16　春季浮游植物群落特征参数

春季多样性指数平均值为 1.52，各站位波动范围为 0.84~2.35，最大值出现在 1 号站位（2.35），最小值出现在 7 号站位（0.84）；

春季均匀度指数平均值为 0.29，各站位波动范围为 0.16~0.36，最大值出现在 6 号站位（0.36），最小值出现在 7 号站位（0.16）；

春季丰度指数平均值为 2.07，各站位波动范围为 1.72~2.37，最大值出现在 9 号站位（2.37），最小值出现在 7 号站位（1.72）。

夏季浮游植物群落特征参数如图 7-17 所示。

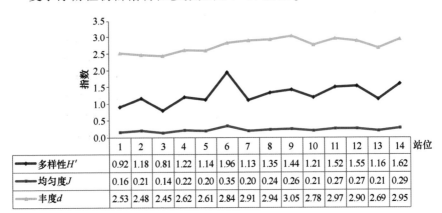

| 站位 | 1 | 2 | 3 | 4 | 5 | 6 | 7 | 8 | 9 | 10 | 11 | 12 | 13 | 14 |
|---|---|---|---|---|---|---|---|---|---|---|---|---|---|---|
| 多样性 $H'$ | 0.92 | 1.18 | 0.81 | 1.22 | 1.14 | 1.96 | 1.13 | 1.35 | 1.44 | 1.21 | 1.52 | 1.55 | 1.16 | 1.62 |
| 均匀度 $J$ | 0.16 | 0.21 | 0.14 | 0.22 | 0.20 | 0.35 | 0.20 | 0.24 | 0.26 | 0.21 | 0.27 | 0.27 | 0.21 | 0.29 |
| 丰度 $d$ | 2.53 | 2.48 | 2.45 | 2.62 | 2.61 | 2.84 | 2.91 | 2.94 | 3.05 | 2.78 | 2.97 | 2.90 | 2.69 | 2.95 |

图 7-17　夏季浮游植物群落特征参数

夏季多样性指数平均值为 1.30，各站位波动范围为 0.81~1.96，最大值出现在 6 号站位（1.96），最小值出现在 3 号站位（0.81）；

夏季均匀度指数平均值为 0.23，各站位波动范围为 0.14~0.35，最大值出现在 6 号站位（0.35），最小值出现在 3 号站位（0.14）；

夏季丰度指数平均值为 2.77，各站位波动范围为 2.45~3.05，最大值出现在 9 号站位（3.05），最小值出现在 3 号站位（2.45）。

秋季浮游植物群落特征参数如图 7-18 所示。

秋季多样性指数平均值为 1.35，各站位波动范围为 0.69~2.06，最大值出现在 1 号、3 号站位（2.06），最小值出现在 4 号站位（0.69）；

秋季均匀度指数平均值为 0.25，各站位波动范围为 0.12~0.37，最大值出现在 1 号、3 号站位（0.37），最小值出现在 4 号站位（0.12）；

秋季丰度指数平均值为 2.51，各站位波动范围为 2.32~2.69，最大值出现在 1 号站位（2.69），最小值出现在 2 号站位（2.32）。

冬季浮游植物群落特征参数如图 7-19 所示。

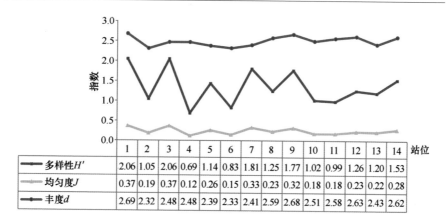

图 7-18　秋季浮游植物群落特征参数

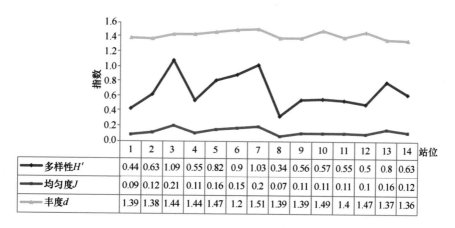

图 7-19　冬季浮游植物群落特征参数

冬季多样性指数平均值为 0.67，各站位波动范围为 0.34~1.09，最大值出现在 3 号站位（1.09），最小值出现在 8 号站位（0.34）；

冬季均匀度指数平均值为 0.13，各站位波动范围为 0.07~0.21，最大值出现在 3 号站位（0.21），最小值出现在 8 号站位（0.07）；

冬季丰度指数平均值为 1.43，各站位波动范围为 1.36~1.51，最大值出现在 7 号站位（1.51），最小值出现在 14 号站位（1.36）。

5. 多样性状况评价结果

各站位浮游植物多样性状况评价结果见表 7-1。

表 7-1　各站位浮游植物多样性状况评价结果

| 站位 | 春季 | 夏季 | 秋季 | 冬季 |
|------|------|------|------|------|
| 1 | Ⅲ | Ⅱ | Ⅲ | Ⅱ |
| 2 | Ⅱ | Ⅱ | Ⅱ | Ⅱ |
| 3 | Ⅱ | Ⅱ | Ⅲ | Ⅱ |
| 4 | Ⅲ | Ⅱ | Ⅱ | Ⅱ |
| 5 | Ⅱ | Ⅱ | Ⅱ | Ⅱ |
| 6 | Ⅲ | Ⅲ | Ⅱ | Ⅱ |
| 7 | Ⅱ | Ⅱ | Ⅲ | Ⅱ |
| 8 | Ⅲ | Ⅱ | Ⅱ | Ⅰ |
| 9 | Ⅲ | Ⅱ | Ⅲ | Ⅱ |
| 10 | Ⅱ | Ⅱ | Ⅱ | Ⅱ |
| 11 | Ⅱ | Ⅱ | Ⅱ | Ⅱ |
| 12 | Ⅲ | Ⅲ | Ⅱ | Ⅰ |
| 13 | Ⅱ | Ⅱ | Ⅱ | Ⅱ |
| 14 | Ⅲ | Ⅲ | Ⅱ | Ⅱ |

注：Ⅰ代表较差，Ⅱ代表一般，Ⅲ代表较好。

由表 7-1 可见，调查海域各站位四季的浮游植物多样性大多属于一般水平。

### 7.1.4　浮游动物

1. 种类组成

本项目调查海域共鉴定出浮游动物 44 种（见附表 7-2），其中棘皮动物门 2 种，节肢动物门 27 种，毛颚动物门 1 种，环节动物门 1 种，腔肠动物门 9 种，脊索动物门 4 种。浮游动物主要优势种有强壮滨箭虫、中华哲水蚤和桡足幼体等。

不同门类浮游动物分布如图 7-20 所示。

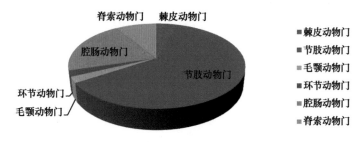

图 7-20　不同门类浮游动物分布

由图 7-20 可见，浮游动物中节肢动物门占比最大。

## 2. 生物量分布特征

调查海域全年各站位浮游动物平均数量为 43 104 个，各站位数量波动范围为 19 863~98 675 个，1 号站位数量最少（19 863 个），6 号站位数量最多（98 675 个）。

调查海域春季各站位浮游动物平均数量为 26 524 个，各站位数量波动范围为 8 060~61 943 个，1 号站位数量最少（8 060 个），6 号站位数量最多（61 943 个）。

调查海域夏季各站位浮游动物平均数量为 7 966 个，各站位数量波动范围为 3 692~12 272 个，4 号站位数量最少（3 692 个），11 号站位数量最多（12 272 个）。

调查海域秋季各站位浮游动物平均数量为 5 599 个，各站位数量波动范围为 1 431~13 487 个，14 号站位数量最少（1 431 个），6 号站位数量最多（13 487 个）。

调查海域冬季各站位浮游动物平均数量为 3 014 个，各站位数量波动范围为 1 853~4 659 个，10 号站位数量最少（1 853 个），14 号站位数量最多（4 659 个）。

不同站位四季及全年浮游动物数量变化趋势如图 7-21 所示。

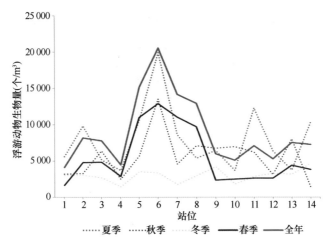

图 7-21　不同站位四季及全年浮游动物数量变化趋势

由图 7-21 可见，不同站位全年浮游动物生物量随着季节的变化在冬季出现显著升高趋势，冬季浮游动物数量达到最多。

3. 优势种分布情况

各站位优势种在四季的站位分布情况如图 7-22 至图 7-25 所示。

4. 群落特征

在调查海域，各季节浮游动物种类平均为 26 种，各季节浮游动物种类波动范围为 19~34 种，最大值出现在夏季（34 种），最小值出现

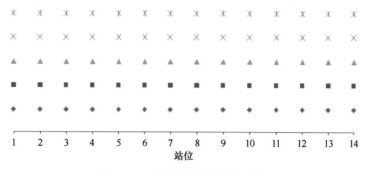

图 7-22　春季各站位优势种分布

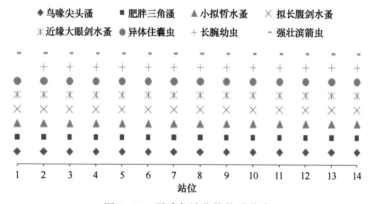

图 7-23　夏季各站位优势种分布

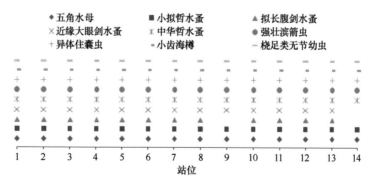

图 7-24　秋季各站位优势种分布

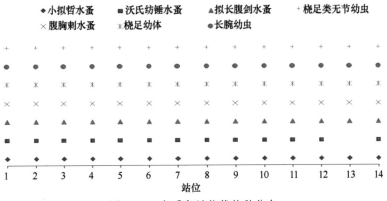

图 7-25  冬季各站位优势种分布

在春季（19种）。

春季浮游动物群落特征参数如图 7-26 所示。

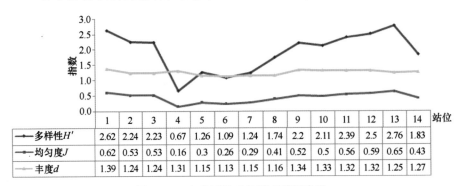

| | 1 | 2 | 3 | 4 | 5 | 6 | 7 | 8 | 9 | 10 | 11 | 12 | 13 | 14 |站位|
|---|---|---|---|---|---|---|---|---|---|---|---|---|---|---|---|
| 多样性$H'$ | 2.62 | 2.24 | 2.23 | 0.67 | 1.26 | 1.09 | 1.24 | 1.74 | 2.2 | 2.11 | 2.39 | 2.5 | 2.76 | 1.83 | |
| 均匀度$J$ | 0.62 | 0.53 | 0.53 | 0.16 | 0.3 | 0.26 | 0.29 | 0.41 | 0.52 | 0.5 | 0.56 | 0.59 | 0.65 | 0.43 | |
| 丰度$d$ | 1.39 | 1.24 | 1.24 | 1.31 | 1.15 | 1.13 | 1.15 | 1.16 | 1.34 | 1.33 | 1.32 | 1.32 | 1.25 | 1.27 | |

图 7-26  春季浮游动物群落特征参数

春季多样性指数平均值为 1.40，各站位波动范围为 0.67~2.76，最大值出现在 13 号站位（2.76），最小值出现在 4 号站位（0.67）；

春季均匀度指数平均值为 0.45，各站位波动范围为 0.16~0.65，最大值出现在 13 号站位（0.65），最小值出现在 4 号站位（0.16）；

春季丰度指数平均值为 1.26，各站位波动范围为 1.13~1.39，最大值出现在 1 号站位（1.39），最小值出现在 6 号站位（1.13）。

夏季浮游动物群落特征参数如图 7-27 所示。

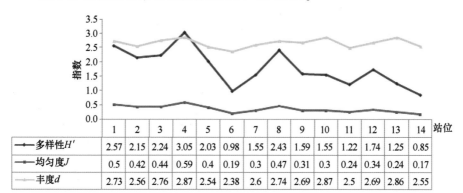

| 站位 | 1 | 2 | 3 | 4 | 5 | 6 | 7 | 8 | 9 | 10 | 11 | 12 | 13 | 14 |
|---|---|---|---|---|---|---|---|---|---|---|---|---|---|---|
| 多样性 $H'$ | 2.57 | 2.15 | 2.24 | 3.05 | 2.03 | 0.98 | 1.55 | 2.43 | 1.59 | 1.55 | 1.22 | 1.74 | 1.25 | 0.85 |
| 均匀度 $J$ | 0.5 | 0.42 | 0.44 | 0.59 | 0.4 | 0.19 | 0.3 | 0.47 | 0.31 | 0.3 | 0.24 | 0.34 | 0.24 | 0.17 |
| 丰度 $d$ | 2.73 | 2.56 | 2.76 | 2.87 | 2.54 | 2.38 | 2.6 | 2.74 | 2.69 | 2.87 | 2.5 | 2.69 | 2.86 | 2.55 |

图 7-27　夏季浮游动物群落特征参数

夏季多样性指数平均值为 1.80，各站位波动范围为 0.85～3.05，最大值出现在 4 号站位（3.05），最小值出现在 14 号站位（0.85）；

夏季均匀度指数平均值为 0.35，各站位波动范围为 0.17～0.59，最大值出现在 4 号站位（0.59），最小值出现在 14 号站位（0.17）；

夏季丰度指数平均值为 2.67，各站位波动范围为 2.38～2.87，最大值出现在 4 号、10 号站位（2.87），最小值出现在 6 号站位（2.38）。

秋季浮游动物群落特征参数如图 7-28 所示。

秋季多样性指数平均值为 2.23，各站位波动范围为 1.69～2.92，最大值出现在 1 号站位（2.92），最小值出现在 3 号站位（1.69）；

秋季均匀度指数平均值为 0.45，各站位波动范围为 0.34～0.59，最大值出现在 1 号站位（0.59），最小值出现在 3 号站位（0.34）；

秋季丰度指数平均值为 2.46，各站位波动范围为 2.19～2.86，最大值出现在 14 号站位（2.86），最小值出现在 6 号站位（2.19）。

冬季浮游动物群落特征参数如图 7-29 所示。

冬季多样性指数平均值为 1.79，各站位波动范围为 1.52～2.24，最

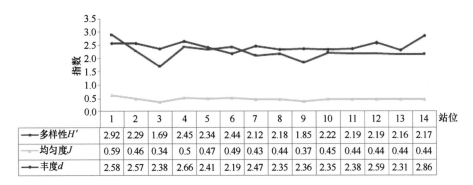

| 站位 | 1 | 2 | 3 | 4 | 5 | 6 | 7 | 8 | 9 | 10 | 11 | 12 | 13 | 14 |
|---|---|---|---|---|---|---|---|---|---|---|---|---|---|---|
| 多样性$H'$ | 2.92 | 2.29 | 1.69 | 2.45 | 2.34 | 2.44 | 2.12 | 2.18 | 1.85 | 2.22 | 2.19 | 2.19 | 2.16 | 2.17 |
| 均匀度$J$ | 0.59 | 0.46 | 0.34 | 0.5 | 0.47 | 0.49 | 0.43 | 0.44 | 0.37 | 0.45 | 0.44 | 0.44 | 0.44 | 0.44 |
| 丰度$d$ | 2.58 | 2.57 | 2.38 | 2.66 | 2.41 | 2.19 | 2.47 | 2.35 | 2.36 | 2.35 | 2.38 | 2.59 | 2.31 | 2.86 |

图 7-28  秋季浮游动物群落特征参数

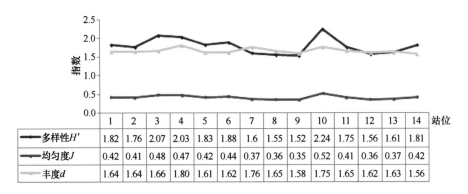

| 站位 | 1 | 2 | 3 | 4 | 5 | 6 | 7 | 8 | 9 | 10 | 11 | 12 | 13 | 14 |
|---|---|---|---|---|---|---|---|---|---|---|---|---|---|---|
| 多样性$H'$ | 1.82 | 1.76 | 2.07 | 2.03 | 1.83 | 1.88 | 1.6 | 1.55 | 1.52 | 2.24 | 1.75 | 1.56 | 1.61 | 1.81 |
| 均匀度$J$ | 0.42 | 0.41 | 0.48 | 0.47 | 0.42 | 0.44 | 0.37 | 0.36 | 0.35 | 0.52 | 0.41 | 0.36 | 0.37 | 0.42 |
| 丰度$d$ | 1.64 | 1.64 | 1.66 | 1.80 | 1.61 | 1.62 | 1.76 | 1.65 | 1.58 | 1.75 | 1.65 | 1.62 | 1.63 | 1.56 |

图 7-29  冬季浮游动物群落特征参数

大值出现在 10 号站位 (2.24)，最小值出现在 9 号站位 (1.52)；

冬季均匀度指数平均值为 0.41，各站位波动范围为 0.35~0.48，最大值出现在 3 号站位 (0.48)，最小值出现在 9 号站位 (0.35)；

冬季丰度指数平均值为 1.66，各站位波动范围为 1.56~1.80，最大值出现在 4 号站位 (1.80)，最小值出现在 14 号站位 (1.56)。

5. 多样性评价结果

浮游动物多样性评价结果见表 7-2 。

表 7-2　浮游动物多样性评价结果

| 站位 | 春季 | 夏季 | 秋季 | 冬季 |
|------|------|------|------|------|
| 1 | IV | IV | IV | III |
| 2 | III | III | III | III |
| 3 | III | III | III | III |
| 4 | II | IV | III | III |
| 5 | II | III | III | III |
| 6 | II | II | III | III |
| 7 | II | III | III | III |
| 8 | III | III | III | III |
| 9 | III | III | III | III |
| 10 | III | III | III | III |
| 11 | III | II | III | III |
| 12 | III | III | III | III |
| 13 | IV | II | III | III |
| 14 | III | II | III | III |

注：II 代表一般，III 代表较好，IV 代表丰富。

由表 7-2 可见，调查海域各站位四季的浮游动物多样性大多属于较好水平。相比于其他站位，1 号站位四季中有三个季节生物多样性均处于丰富水平，总体优于其他站位。

### 7.1.5　鱼类浮游生物

鱼类浮游生物分布情况如图 7-30 所示。

由图 7-30 可见，夏季鱼卵集中出现在 5 号、12 号和 13 号站位，夏季仔鱼集中出现在 4 号和 9 号站位；秋季仔鱼集中出现在 2 号站位，其他站位没有。

### 7.1.6　病原微生物（大肠杆菌、弧菌）

病原微生物大肠杆菌的数据统计如图 7-31 所示。

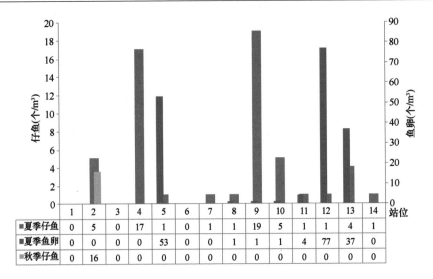

图 7-30　鱼类浮游生物分布情况

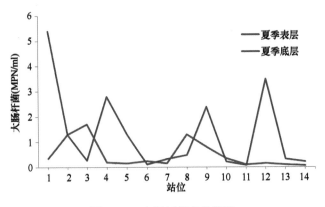

图 7-31　大肠杆菌变化情况

由图 7-31 可见，病原微生物大肠杆菌在夏季底层变化不是很明显，在夏季表层变化趋势较为明显，峰值出现在 1 号站位。

病原微生物弧菌的数据统计如图 7-32 所示。

由图 7-32 可见，病原微生物弧菌在夏季表层和底层变化很明显，

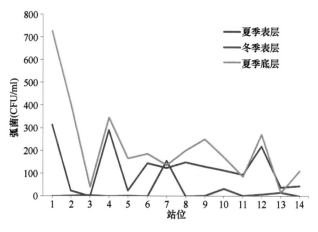

图 7-32　弧菌变化趋势

峰值均出现在 1 号站位，冬季表层弧菌只有 7 号、10 号和 13 号站位存在，峰值出现在 7 号站位。

## 7.1.7　渔业资源

### 1. 1 号站位（图 7-33）

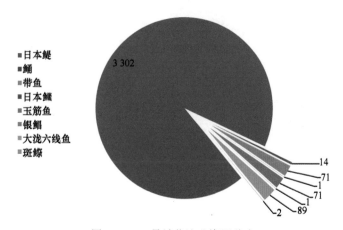

图 7-33　1 号站位渔业资源分布

## 2. 2 号站位（图 7-34）

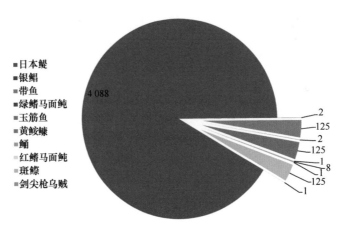

图 7-34　2 号站位渔业资源分布

## 3. 3 号站位（图 7-35）

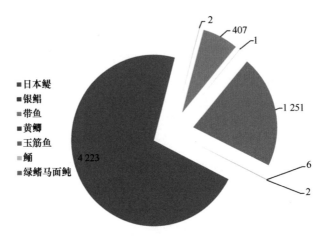

图 7-35　3 号站位渔业资源分布

## 4.4 号站位（图 7-36）

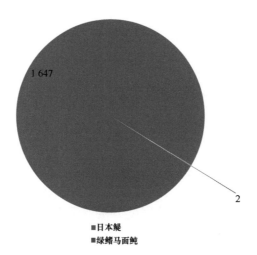

图 7-36　4 号站位渔业资源分布

## 5.5 号站位（图 7-37）

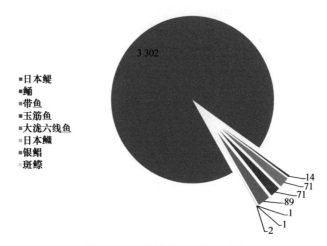

图 7-37　5 号站位渔业资源分布

### 6.6 号站位（图 7-38）

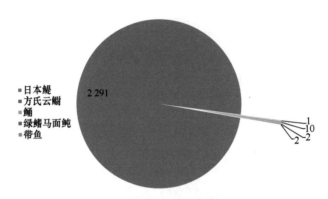

图 7-38　6 号站位渔业资源分布

### 7.7 号站位（图 7-39）

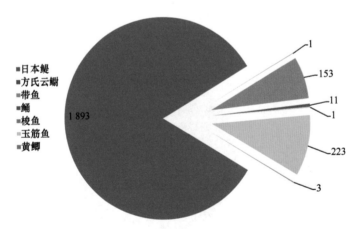

图 7-39　7 号站位渔业资源分布

8.8 号站位（图 7-40）

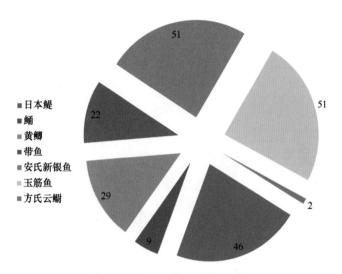

图 7-40　8 号站位渔业资源分布

9.9 号站位（图 7-41）

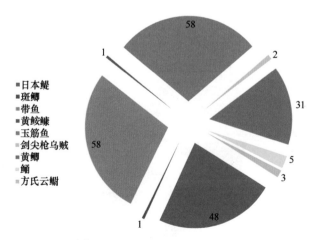

图 7-41　9 号站位渔业资源分布

## 10. 10 号站位（图 7-42）

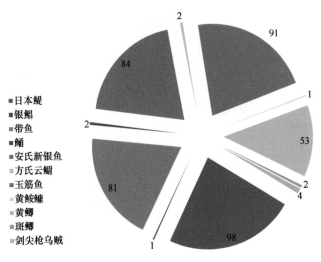

- ■ 日本鳀
- ■ 银鲳
- ■ 带鱼
- ■ 鲕
- ■ 安氏新银鱼
- ■ 方氏云鳚
- ■ 玉筋鱼
- ■ 黄鮟鱇
- ■ 黄鲫
- ■ 斑鲫
- ■ 剑尖枪乌贼

图 7-42　10 号站位渔业资源分布

## 11. 11 号站位（图 7-43）

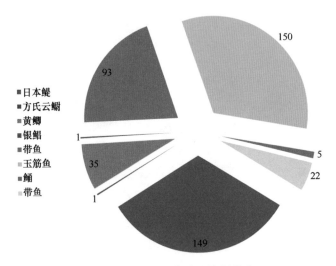

- ■ 日本鳀
- ■ 方氏云鳚
- ■ 黄鲫
- ■ 银鲳
- ■ 带鱼
- ■ 玉筋鱼
- ■ 鲕
- ■ 带鱼

图 7-43　11 号站位渔业资源分布

## 12. 12 号站位（图 7-44）

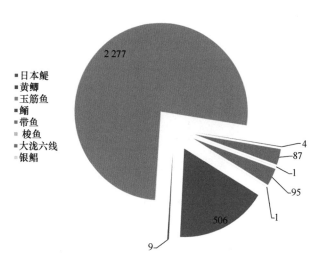

■日本鳀
■黄鲫
■玉筋鱼
■鲕
■带鱼
■梭鱼
■大泷六线
银鲳

图 7-44　12 号站位渔业资源分布

## 13. 13 号站位（图 7-45）

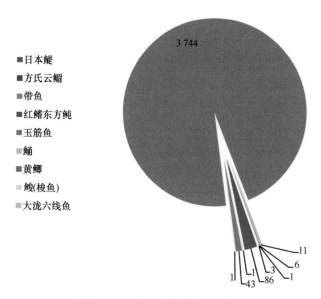

■日本鳀
■方氏云鳚
■带鱼
■红鳍东方鲀
■玉筋鱼
■鲕
■黄鲫
■鮻(梭鱼)
■大泷六线鱼

图 7-45　13 号站位渔业资源分布

14. 14 号站位（图 7-46）

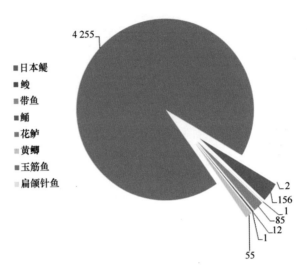

图 7-46　14 号站位渔业资源分布

1~14 号站位渔业资源信息统计情况见表 7-3。

表 7-3　1~14 号站位渔业资源信息（平均值）统计

| 站位 | 种类 | 全长（mm） | 体长（mm） | 体重（g） |
|---|---|---|---|---|
| 1 | 日本鳀 | 133.23 | 115.00 | 17.60 |
| | 黄鲫 | 140 | 119 | 12.8 |
| | 带鱼 | 96.75 | — | 11.24 |
| | 玉筋鱼 | 72.56 | 65.13 | 1.73 |
| | 鲕 | 312.05 | 279.43 | 161.45 |
| | 斑鰶 | 173.00 | 147.86 | 41.59 |

续表

| 站位 | 种类 | 全长（mm） | 体长（mm） | 体重（g） |
|---|---|---|---|---|
| 2 | 日本鳀 | 132.90 | 114.20 | 18.28 |
| | 带鱼 | 94.50 | — | 10.17 |
| | 红鳍东方鲀 | 253.00 | 208.00 | 362.50 |
| | 剑尖枪乌贼 | 52.00 | — | 42.30 |
| | 玉筋鱼 | 76.83 | 69.83 | 1.85 |
| | 鲬 | 350.00 | 320.00 | 290.43 |
| | 斑鰶 | 179.67 | 151.17 | 49.88 |
| | 绿鳍马面鲀 | 288.50 | 252.00 | 339.85 |
| | 银鲳 | 229.00 | 177.00 | 188.20 |
| | 黄鮟鱇 | 462.00 | 395.00 | 1 251.60 |
| 3 | 鲬 | 321.33 | 295.00 | 211.17 |
| | 银鲳 | 210.00 | 177.50 | 147.15 |
| | 黄鲫 | 185.00 | 159.00 | 36.90 |
| | 日本鳀 | 129.63 | 114.33 | 15.25 |
| | 绿鳍马面鲀 | 283.50 | 237.50 | 384.85 |
| | 带鱼 | 100.85 | — | 12.51 |
| 4 | 绿鳍马面鲀 | 288.00 | 247.50 | 300.95 |
| | 日本鳀 | 133.40 | 114.43 | 17.88 |
| 5 | 鲬 | 287.10 | 257.90 | 114.13 |
| | 日本鳀 | 129.10 | 111.70 | 17.87 |
| | 日本鱵 | 285.00 | 260.00 | 59.80 |
| | 银鲳 | 210.00 | 160.00 | 157.80 |
| | 斑鰶 | 163.50 | 132.50 | 34.20 |
| | 鲬 | 289.90 | 256.70 | 141.68 |
| | 日本鳀 | 136.00 | 116.80 | 17.52 |
| | 带鱼 | 34.98 | 116.80 | 9.44 |
| | 玉筋鱼 | 86.50 | 80.00 | 2.80 |
| | 大泷六线幼鱼 | 62.60 | 53.60 | 2.80 |

| 站位 | 种类 | 全长（mm） | 体长（mm） | 体重（g） |
|---|---|---|---|---|
| 6 | 绿鳍马面鲀 | 31.70 | 27.00 | 531.20 |
| | 鲬 | 29.87 | 27.03 | 142.07 |
| | 带鱼 | 9.80 | — | 10.55 |
| | 方氏云鳚 | 13.50 | 12.40 | 7.50 |
| | 日本鳀 | 13.25 | 11.43 | 15.00 |
| 7 | 梭鱼 | 520.00 | 450.00 | 1 129.40 |
| | 带鱼 | 113.09 | — | 12.68 |
| | 方氏云鳚 | 155.00 | | 13.40 |
| | 鲬 | 285.09 | — | 125.65 |
| | 黄鲫 | 161.67 | 136.67 | 33.93 |
| | 玉筋鱼 | 80.38 | — | 2.78 |
| | 日本鳀 | 130.43 | 112.80 | 17.15 |
| 8 | 方氏云鳚 | 111.50 | 103.00 | 2.65 |
| | 日本鳀 | 138.22 | 121.12 | 15.33 |
| | 玉筋鱼 | 81.17 | 75.03 | 1.51 |
| | 安氏新银鱼 | 52.03 | 49.67 | 0.14 |
| | 鲬 | 265.22 | 233.67 | 84.32 |
| | 带鱼 | — | 93.15 | 15.16 |
| | 黄鲫 | 146.06 | 126.47 | 19.30 |
| 9 | 斑鲦 | 148.00 | 128.00 | — |
| | 黄鮟鱇 | 410.00 | 335.00 | 1 067.80 |
| | 剑尖枪乌贼 | 40.50 | — | 4.75 |
| | 方氏云鳚 | 109.00 | 100.00 | 4.40 |
| | 鲬 | 262.20 | 238.20 | 92.28 |
| | 黄鲫 | 157.44 | 132.94 | 26.03 |
| | 日本鳀 | 133.29 | 116.76 | 12.27 |
| | 带鱼 | 80.23 | — | 9.63 |
| | 玉筋鱼 | 82.68 | | |

| 站位 | 种类 | 全长（mm） | 体长（mm） | 体重（g） |
|---|---|---|---|---|
| 10 | 银鲳 | 181.00 | 136.00 | 85.30 |
| | 黄鮟鱇 | 450.00 | 407.00 | 1 543.50 |
| | 方氏云鳚 | 125.50 | 119.00 | 3.60 |
| | 鲻 | 222.00 | 192.00 | 43.50 |
| | 斑鰶 | 160.50 | 131.00 | 34.05 |
| | 剑尖枪乌贼 | 40.50 | — | 5.80 |
| | 黄鲫 | 136.67 | 117.67 | 15.01 |
| | 带鱼 | 9.92 | — | 15.17 |
| | 日本鳀 | 133.82 | 118.46 | — |
| | 安氏新银鱼 | 53.25 | 50.58 | — |
| | 玉筋鱼 | 94.58 | 87.12 | — |
| 11 | 黄鲫 | 142.30 | 124.50 | 17.92 |
| | 日本鳀 | 137.27 | 120.50 | 16.29 |
| | 带鱼 | — | — | 7.38 |
| | 玉筋鱼 | — | — | 2 |
| | 方氏云鳚 | 137.00 | 129.00 | 6.40 |
| | 鲻 | 261.40 | 230.80 | 93.84 |
| | 银鲳 | 195.00 | 149.00 | 111.10 |
| | 带鱼 | 101.82 | — | 12.65 |
| 12 | 日本鳀 | 129.38 | 111.50 | 11.62 |
| | 玉筋鱼 | 94.21 | 85.50 | 2.70 |
| | 大泷六线鱼 | 65.75 | 55.92 | 2.52 |
| | 梭鱼 | 549.00 | 509.00 | 1 339.00 |
| | 鲻 | 223.50 | 201.00 | 51.55 |
| | 黄鲫 | 141.67 | 122.44 | 17.11 |
| | 银鲳 | 220.00 | 176.00 | 162.50 |
| | 带鱼 | 7.55 | — | 10.75 |

| 站位 | 种类 | 全长（mm） | 体长（mm） | 体重（g） |
|---|---|---|---|---|
| 13 | 带鱼 | — | 89.13 | 14.35 |
| | 鲬 | 297.25 | 258.25 | 165.48 |
| | 黄鲫 | 134.00 | 115.50 | 14.78 |
| | 红鳍东方鲀 | 335.00 | 305.00 | 985.30 |
| | 鲅（梭鱼） | 515.00 | 435.00 | 1 326.60 |
| | 大泷六线鱼 | 63.00 | 54.00 | 2.47 |
| | 日本鳀 | 127.37 | 112.03 | — |
| | 方氏云鳚 | 110.00 | 103.00 | 4.40 |
| | 玉筋鱼 | 95.17 | 87.60 | — |
| 14 | 黄鲫 | 141.64 | 127.18 | 18.06 |
| | 带鱼 | — | 86.41 | 10.91 |
| | 鲬 | 266.67 | 234.00 | 104.32 |
| | 扁颌针鱼 | 624.00 | 576.50 | 258.50 |
| | 花鲈 | 635.00 | 520.00 | 2 321.30 |
| | 鲅 | 501.00 | 421.00 | 1 192.10 |
| | 日本鳀 | 124.00 | 109.07 | — |
| | 玉筋鱼 | 92.50 | 86.03 | — |

## 7.1.8 大型底栖生物

### 1. 种类组成与分布

本项目调查海域共检出大型底栖生物 92 种（见附表 7-3），其中环节动物门 32 种，节肢动物门 15 种，腔肠动物门 6 种，软体动物门 20 种，纽形动物门 1 种，棘皮动物门 12 种，腕足动物门 1 种，苔藓动物门 3 种，脊索动物门 1 种，线虫动物门 1 种（见图 7-47）。

调查海域底栖生物数量较少，仅有 1 个优势种为薄壳索足蛤，其他

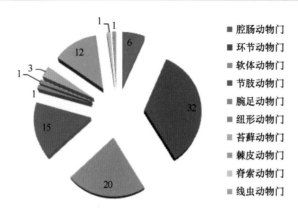

图 7-47　不同门类大型底栖生物分布比例

动物优势度指数均未大于 0.03，其中，出现频率最高的生物为金氏真蛇尾，出现频率也仅为 51%，其他生物出现频率均不超过 40%，各生物优势度指数详见表 7-4。

表 7-4　调查海域大型底栖生物优势度指数分析结果

| 名称 | 出现次数（次） | 出现频率（%） | 个体数量（个） | 优势度指数 |
| --- | --- | --- | --- | --- |
| 日本爱氏海葵 | 3 | 0.02 | 3 | 0.00 |
| 中国根茎螅 | 1 | 0.01 | 11 | 0.00 |
| 太平洋黄海葵 | 2 | 0.01 | 2 | 0.00 |
| 黄侧花海葵 | 1 | 0.01 | 1 | 0.00 |
| 海葵 | 1 | 0.01 | 1 | 0.00 |
| 星虫状海葵 | 1 | 0.01 | 1 | 0.00 |
| 金毛丝鳃虫 | 1 | 0.01 | 1 | 0.00 |
| 须鳃虫 | 1 | 0.01 | 3 | 0.00 |
| 巨刺缨虫 | 2 | 0.01 | 2 | 0.00 |
| 梳鳃虫 | 2 | 0.01 | 3 | 0.00 |
| 环唇沙蚕 | 8 | 0.05 | 8 | 0.00 |
| 背褶沙蚕 | 1 | 0.01 | 1 | 0.00 |
| 多美沙蚕 | 2 | 0.01 | 2 | 0.00 |

续表

| 名称 | 出现次数（次） | 出现频率（%） | 个体数量（个） | 优势度指数 |
|---|---|---|---|---|
| 智利巢沙蚕 | 36 | 0.23 | 126 | 0.02 |
| 短叶索沙蚕 | 39 | 0.25 | 87 | 0.01 |
| 矶沙蚕 | 3 | 0.02 | 5 | 0.00 |
| 囊叶齿吻沙蚕 | 1 | 0.01 | 1 | 0.00 |
| 小齿吻沙蚕 | 1 | 0.01 | 1 | 0.00 |
| 中华内卷齿蚕 | 34 | 0.22 | 67 | 0.01 |
| 角吻沙蚕 | 41 | 0.27 | 66 | 0.01 |
| 长吻沙蚕 | 6 | 0.04 | 10 | 0.00 |
| 锥唇吻沙蚕 | 10 | 0.06 | 14 | 0.00 |
| 带榴征节虫 | 1 | 0.01 | 1 | 0.00 |
| 简毛拟节虫 | 17 | 0.11 | 26 | 0.00 |
| 曲强真节虫 | 3 | 0.02 | 5 | 0.00 |
| 缩头竹节虫 | 3 | 0.02 | 3 | 0.00 |
| 长锥虫 | 14 | 0.09 | 20 | 0.00 |
| 米列虫 | 36 | 0.23 | 201 | 0.03 |
| 稃背虫 | 1 | 0.01 | 1 | 0.00 |
| 欧文虫 | 1 | 0.01 | 2 | 0.00 |
| 西方拟蛰虫 | 3 | 0.02 | 5 | 0.00 |
| 烟树蛰虫 | 1 | 0.01 | 2 | 0.00 |
| 吻蛰虫 | 1 | 0.01 | 1 | 0.00 |
| 扁模裂虫 | 1 | 0.01 | 11 | 0.00 |
| 含糊拟刺虫 | 1 | 0.01 | 1 | 0.00 |
| 澳洲鳞沙蚕 | 1 | 0.01 | 1 | 0.00 |
| 不倒翁虫 | 4 | 0.03 | 4 | 0.00 |
| 胶管虫 | 1 | 0.01 | 1 | 0.00 |
| 低鳞粒侧石鳖 | 1 | 0.01 | 2 | 0.00 |
| 强肋锥螺 | 5 | 0.03 | 13 | 0.00 |
| 腊台北方骨螺 | 1 | 0.01 | 1 | 0.00 |
| 朝鲜蛾螺 | 1 | 0.01 | 1 | 0.00 |
| 老鼠蛾螺 | 3 | 0.02 | 3 | 0.00 |

续表

| 名称 | 出现次数（次） | 出现频率（%） | 个体数量（个） | 优势度指数 |
|------|------|------|------|------|
| 塔螺 | 1 | 0.01 | 1 | 0.00 |
| 橄榄胡桃蛤 | 6 | 0.04 | 6 | 0.00 |
| 日本胡桃蛤 | 6 | 0.04 | 6 | 0.00 |
| 奇异指纹蛤 | 3 | 0.02 | 3 | 0.00 |
| 粗纹吻状蛤 | 7 | 0.05 | 7 | 0.00 |
| 醒目云母蛤 | 3 | 0.02 | 3 | 0.00 |
| 灰双齿蛤 | 4 | 0.03 | 4 | 0.00 |
| 薄壳索足蛤 | 61 | 0.40 | 469 | 0.12 |
| 黄色扁鸟蛤 | 8 | 0.05 | 9 | 0.00 |
| 秀丽波纹蛤 | 2 | 0.01 | 2 | 0.00 |
| 虹光亮樱蛤 | 1 | 0.01 | 1 | 0.00 |
| 光滑河蓝蛤 | 3 | 0.02 | 3 | 0.00 |
| 舟形长带蛤 | 1 | 0.01 | 16 | 0.00 |
| 日本短吻蛤 | 1 | 0.01 | 1 | 0.00 |
| 小蝶铰蛤 | 1 | 0.01 | 1 | 0.00 |
| 毛日藻钩虾 | 1 | 0.01 | 1 | 0.00 |
| 隆背黄道蟹 | 2 | 0.01 | 2 | 0.00 |
| 艾氏活额寄居蟹 | 3 | 0.02 | 5 | 0.00 |
| 绒毛近方蟹 | 1 | 0.01 | 1 | 0.00 |
| 脊腹褐虾 | 1 | 0.01 | 1 | 0.00 |
| 哈氏美人虾 | 2 | 0.01 | 2 | 0.00 |
| 日本浪漂水虱 | 1 | 0.01 | 1 | 0.00 |
| 俄勒冈球水虱 | 1 | 0.01 | 1 | 0.00 |
| 赫氏细身钩虾 | 2 | 0.01 | 3 | 0.00 |
| 六齿拟钩虾 | 1 | 0.01 | 1 | 0.00 |
| 内海拟钩虾 | 1 | 0.01 | 1 | 0.00 |
| 中华原钩虾 | 3 | 0.02 | 4 | 0.00 |
| 窄异跳钩虾 | 1 | 0.01 | 2 | 0.00 |
| 施氏玻璃钩虾 | 3 | 0.02 | 4 | 0.00 |
| 强壮藻钩虾 | 1 | 0.01 | 1 | 0.00 |

续表

| 名称 | 出现次数（次） | 出现频率（%） | 个体数量（个） | 优势度指数 |
|------|------|------|------|------|
| 酸浆贝 | 5 | 0.03 | 5 | 0.00 |
| 拟奇异纽虫 | 5 | 0.03 | 5 | 0.00 |
| 锯吻仿分胞苔虫 | 3 | 0.02 | 3 | 0.00 |
| 阔口隐槽苔虫 | 1 | 0.01 | 5 | 0.00 |
| 迈氏软苔虫 | 1 | 0.01 | 1 | 0.00 |
| 海燕 | 1 | 0.01 | 1 | 0.00 |
| 张氏滑海盘车 | 1 | 0.01 | 1 | 0.00 |
| 正环沙鸡子 | 1 | 0.01 | 1 | 0.00 |
| 沙鸡子 | 1 | 0.01 | 1 | 0.00 |
| 海棒槌 | 1 | 0.01 | 1 | 0.00 |
| 长尾异赛瓜参 | 1 | 0.01 | 1 | 0.00 |
| 仿刺参 | 1 | 0.01 | 1 | 0.00 |
| 紫蛇尾 | 7 | 0.05 | 39 | 0.00 |
| 金氏真蛇尾 | 78 | 0.51 | 297 | 0.10 |
| 司氏盖蛇尾 | 2 | 0.01 | 2 | 0.00 |
| 日本倍棘蛇尾 | 7 | 0.05 | 12 | 0.00 |
| 乳突皮海鞘 | 1 | 0.01 | 1 | 0.00 |
| 云鳚 | 1 | 0.01 | 1 | 0.00 |
| 线虫 | 3 | 0.02 | 3 | 0.00 |

## 2. 生物量分布

本项目调查海域共检出大型底栖生物总数量为 1 664 个，其中环节动物门 682 个，节肢动物为 30 个，腔肠动物门 19 个，软体动物门 552 个，纽形动物门 5 个，棘皮动物 358，腕足动物门 5 个，苔藓动物门 9 个，脊索动物门 1 个，线虫动物门 1 个。不同门类底栖生物量占比分布情况如图 7-48 所示。

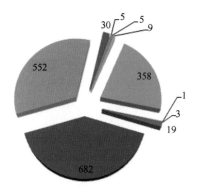

图 7-48　不同门类底栖生物量占比分布情况

调查海域大型底栖生物平均生物量为 103 g/m²，其中 C003 号站位生物量最大（702 g/m²）。生物量最低的站位为 C034 号和 C036 号站位，C037 号、C070 号、C016 号、C019 号、C048 号、C0105 号、C021 号、C022 号、C023 号、C024 号和 C029 号站位，均未检出。

### 3. 群落特征

由于调查海域大型底栖生物数量较少，且站位点较多，导致各个站位点底栖生物群落特征参数值（如各站位的多样性指数、丰度和均匀度等）远低于平均标准，没有任何参考价值。故本次计算群落特征参数值以全年参数为单位进行统计。

调查海域大型底栖生物全年多样性指数为 3.84，全年均匀度指数为 0.59，全年丰度指数为 8.50，说明该海域大型底栖生物"非常丰富"。

不同站位大型底栖生物分布情况见附图 7-1。

## 7.2 海洋生物资源评价小结

通过对叶绿素、初级生产力、浮游植物、浮游动物、鱼类浮游生物、病原微生物、渔业资源和大型底栖生物等的评价，得出如下结论。

（1）叶绿素主要分布于冬季，其次是春季，随着水体温度的升高，叶绿素的含量呈显著下降趋势，随着水体盐度的升高，叶绿素的含量有少许上升的趋势。

（2）初级生产力较大的为冬季和春季。

（3）浮游植物：本项目调查海域共检出浮游植物 74 种，其中硅藻类 55 种，甲藻类 18 种，金藻类 1 种。不同站位全年浮游植物生物数量随着季节的变化在冬季出现显著升高趋势，冬季浮游植物数量达到最多。调查海域各站位四季的浮游植物多样性大多属于一般水平。

（4）浮游动物：本研究调查共鉴定出浮游动物 44 种，其中棘皮动物门 2 种、节肢动物门 27 种、毛颚动物门 1 种、环节动物门 1 种、腔肠动物门 9 种、脊索动物门 4 种。不同站位全年浮游动物数量随着季节的变化在冬季出现显著升高趋势，冬季浮游动物数量达到最多。调查海域各站位四季的浮游动物多样性大多属于较好水平。相比于其他站位，1 号站位四季中有三个季节生物多样性均属于丰富水平，总体水平优于其他站位。

（5）鱼类浮游生物：总体鱼类浮游生物比较少，夏季鱼卵集中出现在 5 号、12 号和 13 号站位，夏季仔鱼集中出现在 4 号和 9 号站位；秋季仔鱼集中出现在 2 号站位，其他站位没有。

（6）病原微生物大肠杆菌和弧菌：病原微生物大肠杆菌在夏季底层变化不是很明显，在夏季表层变化趋势较为明显，峰值出现在 1 号站位。病原微生物弧菌在夏季表、底层变化很明显，峰值均出现在 1 号站位，冬季表层弧菌只有 7 号、10 号和 13 号站位存在，峰值出现在 7 号站位。

（7）渔业资源：渔业资源只统计了不同站位分布情况及各种生物体长、体重等基本信息。

（8）大型底栖生物：本项目调查海域共检出大型底栖生物总数量为 1 664 个，底栖生物 92 种，该海域底栖生物数量较少，仅有 1 个优势种，为薄壳索足蛤，大型底栖生物多样性指数为 3.84，说明该海域底栖生物"非常丰富"。

## 附表7-1 调查海域浮游植物种类名录

| 序号 | 种名 | 拉丁名 | 门 | 科 | 属 |
|---|---|---|---|---|---|
| 1 | 端尖曲舟藻 | *Pleurosigma acutum* | 硅藻 | 曲舟藻科 | 曲舟藻属 |
| 2 | 海洋曲舟藻 | *P. pelagicum* | 硅藻 | 曲舟藻科 | 曲舟藻属 |
| 3 | 尖顶曲舟藻 | *Quzhou sacra turri algae* | 硅藻 | 曲舟藻科 | 曲舟藻属 |
| 4 | 辐射圆筛藻 | *Coscinodiscus radiatus* | 硅藻 | 圆筛藻科 | 圆筛藻属 |
| 5 | 虹彩圆筛藻 | *C. oculus-iridis* | 硅藻 | 圆筛藻科 | 圆筛藻属 |
| 6 | 星脐圆筛藻 | *C. asteromphalus* | 硅藻 | 圆筛藻科 | 圆筛藻属 |
| 7 | 威氏圆筛藻 | *C. wailesii* | 硅藻 | 圆筛藻科 | 圆筛藻属 |
| 8 | 格氏圆筛藻 | *C. granii* | 硅藻 | 圆筛藻科 | 圆筛藻属 |
| 9 | 苏氏圆筛藻 | *C. thorii* | 硅藻 | 圆筛藻科 | 圆筛藻属 |
| 10 | 偏心圆筛藻 | *C. excentricus* | 硅藻 | 圆筛藻科 | 圆筛藻属 |
| 11 | 小眼圆筛藻 | *C. oculatus* | 硅藻 | 圆筛藻科 | 圆筛藻属 |
| 12 | 有翼圆筛藻 | *C. bipartitus* | 硅藻 | 圆筛藻科 | 圆筛藻属 |
| 13 | 诺氏海链藻 | *Thalassiosira nordenskioldii* | 硅藻 | 海链藻科 | 海链藻属 |
| 14 | 圆海链藻 | *T. rotula* | 硅藻 | 海链藻科 | 海链藻属 |
| 15 | 菱形海线藻 | *Thalassionema nitzschioides* | 硅藻 | 海线藻科 | 海线藻属 |
| 16 | 针杆藻 | *Synedra* sp. | 硅藻 | 脆杆藻科 | 针杆藻属 |
| 17 | 扭鞘藻 | *Streptotheca thamesis* | 硅藻 | 真弯藻科 | 扭鞘藻属 |
| 18 | 中肋骨条藻 | *Skeletonema costatum* | 硅藻 | 骨条藻科 | 骨条藻属 |
| 19 | 密联角毛藻 | *Chaetoceros densus* | 硅藻 | 角毛藻科 | 角毛藻属 |
| 20 | 洛氏角毛藻 | *C. lorenzianus* | 硅藻 | 角毛藻科 | 角毛藻属 |
| 21 | 旋链角毛藻 | *C. curvisetus* | 硅藻 | 角毛藻科 | 角毛藻属 |
| 22 | 窄隙角毛藻 | *C. affinis* | 硅藻 | 角毛藻科 | 角毛藻属 |
| 23 | 北方角毛藻 | *C. borealis* | 硅藻 | 角毛藻科 | 角毛藻属 |
| 24 | 紧挤角毛藻 | *C. coarctatus* | 硅藻 | 角毛藻科 | 角毛藻属 |
| 25 | 卡氏角毛藻 | *C. castracanei* | 硅藻 | 角毛藻科 | 角毛藻属 |

| 序号 | 种名 | 拉丁名 | 门 | 科 | 属 |
|---|---|---|---|---|---|
| 26 | 柔弱角毛藻 | *C. debilis* | 硅藻 | 角毛藻科 | 角毛藻属 |
| 27 | 圆柱角毛藻 | *C. teres* | 硅藻 | 角毛藻科 | 角毛藻属 |
| 28 | 窄面角毛藻 | *C. paradoxus* | 硅藻 | 角毛藻科 | 角毛藻属 |
| 29 | 秘鲁角毛藻 | *C. peruvianus* | 硅藻 | 角毛藻科 | 角毛藻属 |
| 30 | 具槽直链藻 | *Melosira sulcata* | 硅藻 | 直链藻科 | 直链藻属 |
| 31 | 布氏双尾藻 | *Ditylum brightwellii* | 硅藻 | 双尾藻科 | 双尾藻属 |
| 32 | 丹麦细柱藻 | *Leptocylindrus danicus* | 硅藻 | 细柱藻科 | 细柱藻属 |
| 33 | 六幅辐裥藻 | *Actinoptychus hexagonus* | 硅藻 | 辐裥藻科 | 辐裥藻属 |
| 34 | 柔弱根管藻 | *Rhizosolenia delicatula* | 硅藻 | 根管藻科 | 根管藻属 |
| 35 | 半棘钝根管藻 | *R. hebeta* | 硅藻 | 根管藻科 | 根管藻属 |
| 36 | 刚毛根管藻 | *R. setigera* | 硅藻 | 根管藻科 | 根管藻属 |
| 37 | 翼根管藻 | *R. alata* | 硅藻 | 根管藻科 | 根管藻属 |
| 38 | 斯氏根管藻 | *R. stolterfothii* | 硅藻 | 根管藻科 | 根管藻属 |
| 39 | 笔尖根管藻 | *R. styliformis* | 硅藻 | 根管藻科 | 根管藻属 |
| 40 | 长菱形藻 | *Nitzschia longissima* | 硅藻 | 菱形藻科 | 菱形藻属 |
| 41 | 环纹娄氏藻 | *Lauderia annulata* | 硅藻 | 娄氏藻科 | 娄氏藻属 |
| 42 | 辐杆藻 | *Bacteriasbrum* sp. | 硅藻 | 辐杆藻科 | 辐杆藻属 |
| 43 | 塔形冠盖藻 | *Stephanopyxis turris* | 硅藻 | 冠盖藻科 | 冠盖藻属 |
| 44 | 掌状冠盖藻 | *S. palmeriana* | 硅藻 | 冠盖藻科 | 冠盖藻属 |
| 45 | 萎软几内亚藻 | *Guinardia flaccida* | 硅藻 | 几内亚藻科 | 几内亚藻属 |
| 46 | 佛氏海毛藻 | *Thalassiothrix frauenfeldii* | 硅藻 | 海毛藻科 | 海毛藻属 |
| 47 | 尖刺菱形藻 | *Nitzschia pungens* | 硅藻 | 菱形藻科 | 菱形藻属 |
| 48 | 奇异菱形藻 | *N. paradoxa* | 硅藻 | 菱形藻科 | 菱形藻属 |
| 49 | 长耳盒形藻 | *Biddulphia aurita* | 硅藻 | 盒形藻科 | 盒形藻属 |
| 50 | 长角盒形藻 | *B. longicruris* | 硅藻 | 盒形藻科 | 盒形藻属 |
| 51 | 豪猪棘冠藻 | *Corethron hystrix* | 硅藻 | 棘冠藻科 | 棘冠藻属 |

| 序号 | 种名 | 拉丁名 | 门 | 科 | 属 |
|---|---|---|---|---|---|
| 52 | 加氏星杆藻 | *Asterionella kariana* | 硅藻 | 星杆藻科 | 星杆藻属 |
| 53 | 日本星杆藻 | *A. japonica* | 硅藻 | 星杆藻科 | 星杆藻属 |
| 54 | 膜质舟形藻 | *Navicula muscatineii* | 硅藻 | 舟形藻科 | 舟形藻属 |
| 55 | 羽纹藻 | *Pinnularia* | 硅藻 | 舟形藻科 | 羽纹藻属 |
| 56 | 优美旭氏藻 | *Schrederell adelicatula* | 硅藻 | 旭氏藻科 | 旭氏藻属 |
| 57 | 微小原甲藻 | *Prorocentrum minimum* | 甲藻 | 原甲藻科 | 原甲藻属 |
| 58 | 海洋多甲藻 | *Peridinium oceanicum* | 甲藻 | 多甲藻科 | 多甲藻属 |
| 59 | 扁平多甲藻 | *P. depressium* | 甲藻 | 多甲藻科 | 多甲藻属 |
| 60 | 叉形多甲藻 | *P. quadridens furca* | 甲藻 | 多甲藻科 | 多甲藻属 |
| 61 | 锥形多甲藻 | *P. conicum* | 甲藻 | 多甲藻科 | 多甲藻属 |
| 62 | 五角多甲藻 | *P. pentagonum* | 甲藻 | 多甲藻科 | 多甲藻属 |
| 63 | 光甲多甲藻 | *P. pallidum* | 甲藻 | 多甲藻科 | 多甲藻属 |
| 64 | 三角角藻 | *Ceratium tripos* | 甲藻 | 角藻科 | 角藻属 |
| 65 | 大角角藻 | *C. macroceros* | 甲藻 | 角藻科 | 角藻属 |
| 66 | 科氏角藻 | *C. kofoidii* | 甲藻 | 角藻科 | 角藻属 |
| 67 | 梭角藻 | *C. humile* | 甲藻 | 角藻科 | 角藻属 |
| 68 | 低顶角藻 | *Humilis vertice algae* | 甲藻 | 角藻科 | 角藻属 |
| 69 | 梭角藻 | *Ceratium fusus* | 甲藻 | 角藻科 | 角藻属 |
| 70 | 夜光藻 | *Noctiluca scintillans* | 甲藻 | 夜光藻科 | 夜光藻属 |
| 71 | 浮动弯角藻 | *Eucampia zodiacus* | 甲藻 | 弯角藻科 | 弯角藻属 |
| 72 | 钟扁甲藻 | *Pyrophacus horologicum* | 甲藻 | 扁甲藻科 | 扁甲藻属 |
| 73 | 斯氏扁甲藻 | *Pyrophacus steinii* | 甲藻 | 扁甲藻科 | 扁甲藻属 |
| 74 | 倒卵形鳍藻 | *Dinophysis fortii* | 甲藻 | 鳍藻科 | 鳍藻属 |
| 75 | 具尾角鳍藻 | *D. caudate* | 甲藻 | 鳍藻科 | 鳍藻属 |
| 76 | 小等刺硅鞭藻 | *D. fibula* | 金藻 | 硅鞭藻科 | 硅鞭藻属 |

### 附表 7-2 调查海域浮游动物种类名录

| 序号 | 种名 | 拉丁名 | 纲 | 门 |
|---|---|---|---|---|
| 1 | 中华哲水蚤 | *Calanus sinicus* | 桡足纲 | 节肢动物门 |
| 2 | 腹胸刺水蚤 | *Centropages abdominalis* | 桡足纲 | 节肢动物门 |
| 3 | 瘦尾胸刺水蚤 | *C. tenuiremis* | 桡足纲 | 节肢动物门 |
| 4 | 拟长腹剑水蚤 | *Oithona similis* | 桡足纲 | 节肢动物门 |
| 5 | 沃氏纺锤水蚤 | *Acartic morii* | 桡足纲 | 节肢动物门 |
| 6 | 猛水蚤 | *Harpacticoida* | 桡足纲 | 节肢动物门 |
| 7 | 近缘大眼剑水蚤 | *Corycaeus affinis* | 桡足纲 | 节肢动物门 |
| 8 | 小拟哲水蚤 | *Paracalanus parvus* | 桡足纲 | 节肢动物门 |
| 9 | 鸟喙尖头溞 | *Penilia avirostris* | 鳃足纲 | 节肢动物门 |
| 10 | 肥胖三角溞 | *Evadne tergestina* | 鳃足纲 | 节肢动物门 |
| 11 | 双刺唇角水蚤 | *Labidocera bipinnata* | 桡足纲 | 节肢动物门 |
| 12 | 瘦尾筒角水蚤 | *Daphnia innitatur angle pars transitione* | 桡足纲 | 节肢动物门 |
| 13 | 钳歪水蚤 | *Tortanus forcipatus* | 桡足纲 | 节肢动物门 |
| 14 | 真刺唇角水蚤 | *Labidocera euchaeta* | 桡足纲 | 节肢动物门 |
| 15 | 太平洋纺锤水蚤 | *Acartia pacifica* | 桡足纲 | 节肢动物门 |
| 16 | 刺尾歪水蚤 | *Tortanus spinicaudatus* | 桡足纲 | 节肢动物门 |
| 17 | 端足类 | *Amphipoda* | 甲壳纲 | 节肢动物门 |
| 18 | 介形类 | *Ostracoda* | 介形纲 | 节肢动物门 |
| 19 | 莹虾 | *Luciferidae* | 甲壳纲 | 节肢动物门 |
| 20 | 球形侧腕水母 | *Pleurobranchia globosa* | 有触手纲 | 腔肠动物门 |
| 21 | 五角水母 | *Muggiaea atlantica* | 水螅纲 | 腔肠动物门 |
| 22 | 薮技螅 | *Obelia* | 水螅纲 | 腔肠动物门 |
| 23 | 印度八拟杯水母 | *Octophialucium indicum* | 水螅纲 | 腔肠动物门 |

| 序号 | 种名 | 拉丁名 | 纲 | 门 |
|---|---|---|---|---|
| 24 | 小介螅水母 | *Hydractinia minima* | 水螅纲 | 腔肠动物门 |
| 25 | 嵊山秀氏水母 | *Sugiura chengshanense* | 水螅纲 | 腔肠动物门 |
| 26 | 日本棍螅水母 | *Coryne nipponica* | 水螅纲 | 腔肠动物门 |
| 27 | 半球美螅水母 | *Clytia hemisphaerica* | 水螅纲 | 腔肠动物门 |
| 28 | 贝氏真囊水母 | *Euphysora abaxialis* | 水螅纲 | 腔肠动物门 |
| 29 | 强壮滨箭虫 | *Sagitta fortis Bin* | 矢虫纲 | 毛颚动物门 |
| 30 | 异体住囊虫 | *Oikopleura dioica* | 尾海鞘纲 | 脊索动物门 |
| 31 | 小齿海樽 | *Parvis Thaliacea* | 海樽纲 | 脊索动物门 |
| 32 | 桡足幼体 | copepodid | 桡足纲 | 节肢动物门 |
| 33 | 桡足类无节幼虫 | *Nauplius larvae*（Copepoda） | 桡足纲 | 节肢动物门 |
| 34 | 短尾类蚤状幼虫 | *Zoea larvae*（Brachyura） | 甲壳纲 | 节肢动物门 |
| 35 | 短尾类大眼幼虫 | *Megalopa larvae*（Brachyura） | 甲壳纲 | 节肢动物门 |
| 36 | 阿丽玛幼虫 | *Alima larvae* | 甲壳纲 | 节肢动物门 |
| 37 | 长尾类幼虫 | *Macrura larvae* | 甲壳纲 | 节肢动物门 |
| 38 | 磁蟹溞状幼虫 | *Zoea larvae*（Porcellana） | 甲壳纲 | 节肢动物门 |
| 39 | 曼足类溞状幼虫 | *Z. larvae*（Cirripdia） | 甲壳纲 | 节肢动物门 |
| 40 | 多毛类幼虫 | *Polychaetes* | 多毛纲 | 环节动物门 |
| 41 | 长腕幼虫 | *Ophiopluteus larvae* | 蛇尾纲 | 棘皮动物门 |
| 42 | 耳状幼体 | *Auricularia larvae* | 海参纲 | 棘皮动物门 |
| 43 | 仔鱼 | *Fish larvae* | 鱼纲 | 脊索动物门 |
| 44 | 鱼卵 | *Fish eggs* | 鱼纲 | 脊索动物门 |

附表 7-3 调查海域大型底栖生物种类名录

| 序号 | 名称 | 拉丁文 | 门 | 科 |
|---|---|---|---|---|
| 1 | 日本爱氏海葵 | *Edwardsia japonica* | 腔肠动物门 | 海葵科 |
| 2 | 中国根茎螅 | *Rhizocaulus chinensis* | 腔肠动物门 | 钟螅水母科 |
| 3 | 太平洋黄海葵 | *Anthopleura nigrescens* | 腔肠动物门 | 海葵科 |
| 4 | 黄侧花海葵 | *A. xanthogrammia* | 腔肠动物门 | 海葵科 |
| 5 | 海葵 | | 腔肠动物门 | 海葵科 |
| 6 | 星虫状海葵 | *Edwardsia sipunculoides* | 腔肠动物门 | 海葵科 |
| 7 | 金毛丝鳃虫 | *Cirratulus chrysoderma* | 环节动物门 | 丝鳃虫科 |
| 8 | 须鳃虫 | *Cirriformia tentaculata* | 环节动物门 | 丝鳃虫科 |
| 9 | 巨刺缨虫 | *Potamilla cf. myriops* | 环节动物门 | 缨鳃虫科 |
| 10 | 梳鳃虫 | *Terebellides stroemii* | 环节动物门 | 毛鳃虫科 |
| 11 | 环唇沙蚕 | *Cheilonereis cyclurus* | 环节动物门 | 齿吻沙蚕科 |
| 12 | 背褶沙蚕 | *Tambalagamia fauveli* | 环节动物门 | 齿吻沙蚕科 |
| 13 | 多美沙蚕 | *Lycastopsis augenari* | 环节动物门 | 齿吻沙蚕科 |
| 14 | 智利巢沙蚕 | *Diopatra chiliensis* | 环节动物门 | 欧努菲虫科 |
| 15 | 短叶索沙蚕 | *Lumbrineris latreilli* | 环节动物门 | 索沙蚕科 |
| 16 | 矶沙蚕 | *Eunice aphroditois* | 环节动物门 | 矶沙蚕科 |
| 17 | 囊叶齿吻沙蚕 | *Nephtys caeca* | 环节动物门 | 沙蚕科 |
| 18 | 小齿吻沙蚕 | *Micronephtys* | 环节动物门 | 沙蚕科 |
| 19 | 中华内卷齿蚕 | *Aglaophamus sinensis* | 环节动物门 | 沙蚕科 |
| 20 | 角吻沙蚕 | *Goniada* | 环节动物门 | 角吻沙蚕科 |
| 21 | 长吻沙蚕 | *Glycera chirori* | 环节动物门 | 吻沙蚕科 |
| 22 | 锥唇吻沙蚕 | *Glycera onomichiensis* | 环节动物门 | 吻沙蚕科 |
| 23 | 带楯征节虫 | *Nicomache personata* | 环节动物门 | 竹节虫科 |

| 序号 | 名称 | 拉丁文 | 门 | 科 |
|---|---|---|---|---|
| 24 | 简毛拟节虫 | *Praxillella gracilies* | 环节动物门 | 竹节虫科 |
| 25 | 曲强真节虫 | *Euclymene lombricoides* | 环节动物门 | 竹节虫科 |
| 26 | 缩头竹节虫 | *Maldane sarai* | 环节动物门 | 竹节虫科 |
| 27 | 长锥虫 | *Haploscoloplos elongatus* | 环节动物门 | 锥头虫科 |
| 28 | 米列虫 | *Melinna cristata* | 环节动物门 | 双栉虫科 |
| 29 | 秤背虫 | *Paleanotus chrysolepis* | 环节动物门 | 金扇虫科 |
| 30 | 欧文虫 | *Owenia fusformis* | 环节动物门 | 欧文虫科 |
| 31 | 西方拟蛰虫 | *Amaeana Occidentalis* | 环节动物门 | 蛰龙介科 |
| 32 | 烟树蛰虫 | *Pista typha* | 环节动物门 | 蛰龙介科 |
| 33 | 吻蛰虫 | *Artacama proboscidea* | 环节动物门 | 蛰龙介科 |
| 34 | 扁模裂虫 | *Typosyllis fasciata* | 环节动物门 | 裂虫科 |
| 35 | 含糊拟刺虫 | *Linopherus ambigua* | 环节动物门 | 仙虫科 |
| 36 | 澳洲鳞沙蚕 | *Aphrodita australis* | 环节动物门 | 鳞沙蚕科 |
| 37 | 胶管虫 | *Myxicola infundibulum* | 环节动物门 | 不倒翁虫科 |
| 38 | 不倒翁虫 | *Sternaspis sculata* | 环节动物门 | 缨鳃虫科 |
| 39 | 低鳞粒侧石鳖 | *Leptochiton assimilis* | 软体动物门 | 鳞侧石鳖科 |
| 40 | 强肋锥螺 | *Turritella fortilirata* | 软体动物门 | 锥螺科 |
| 41 | 腊台北方骨螺 | *Boreotrophon candelabrum* | 软体动物门 | 骨螺科 |
| 42 | 朝鲜蛾螺 | *Buccinum koreana choe* | 软体动物门 | 蛾螺科 |
| 43 | 老鼠蛾螺 | *Lirabuccinum musculus* | 软体动物门 | 蛾螺科 |
| 44 | 塔螺 | *Turridae* | 软体动物门 | 塔螺科 |
| 45 | 橄榄胡桃蛤 | *Nucula tenuis* | 软体动物门 | 胡桃蛤科 |
| 46 | 日本胡桃蛤 | *N. nipponica* | 软体动物门 | 胡桃蛤科 |

| 序号 | 名称 | 拉丁文 | 门 | 科 |
|------|------|--------|-----|-----|
| 47 | 奇异指纹蛤 | *Acila mirabilis* | 软体动物门 | 胡桃蛤科 |
| 48 | 粗纹吻状蛤 | *Nuculana yokoyamai* | 软体动物门 | 吻状蛤科 |
| 49 | 醒目云母蛤 | *Yoldia notabilis* | 软体动物门 | 吻状蛤科 |
| 50 | 灰双齿蛤 | *Felaneilla usta* | 软体动物门 | 蹄蛤科 |
| 51 | 薄壳索足蛤 | *Thyasira tokunagai* | 软体动物门 | 索足蛤科 |
| 52 | 黄色扁鸟蛤 | *Clinocardium buellowi* | 软体动物门 | 鸟蛤科 |
| 53 | 秀丽波纹蛤 | *Raetellops pulchella* | 软体动物门 | 蛤蜊科 |
| 54 | 虹光亮樱蛤 | *Nitidotellina iridella* | 软体动物门 | 樱蛤科 |
| 55 | 光滑河蓝蛤 | *Potamocorbula laevis* | 软体动物门 | 蓝蛤科 |
| 56 | 舟形长带蛤 | *Agriodesma navicula* | 软体动物门 | 里昂司蛤科 |
| 57 | 日本短吻蛤 | *Periploma japonicum* | 软体动物门 | 短吻蛤科 |
| 58 | 小蝶铰蛤 | *Trigonothracia pusilla* | 软体动物门 | 色雷西蛤科 |
| 59 | 毛日藻钩虾 | *Sunamphitoe plumosa* | 节肢动物门 | 藻虾科 |
| 60 | 隆背黄道蟹 | *Cancer gibbosulus* | 节肢动物门 | 黄道蟹科 |
| 61 | 艾氏活额寄居蟹 | *Diogenes edward-sii* | 节肢动物门 | 寄居蟹科 |
| 62 | 绒毛近方蟹 | *Hemigrapsus penicillatus* | 节肢动物门 | 方蟹科 |
| 63 | 脊腹褐虾 | *Crangon affinis* | 节肢动物门 | 褐虾科 |
| 64 | 哈氏美人虾 | *Callianassa harmandi* | 节肢动物门 | 美人虾科 |
| 65 | 日本浪漂水虱 | *Cirolana japonensis* | 节肢动物门 | 浪漂水虱科 |
| 66 | 俄勒冈球水虱 | *Gnorimosphaeroma oregonensis* | 节肢动物门 | 团水虱科 |
| 67 | 赫氏细身钩虾 | *Maera hirondellei* | 节肢动物门 | 马耳他钩虾科 |
| 68 | 六齿拟钩虾 | *Gammaropisis sexdentata* | 节肢动物门 | 蜾蠃蜚科 |
| 69 | 内海拟钩虾 | *G. utinomii* | 节肢动物门 | 蜾蠃蜚科 |

| 序号 | 名称 | 拉丁文 | 门 | 科 |
|---|---|---|---|---|
| 70 | 中华原钩虾 | *Eogammarus sinensis* | 节肢动物门 | 异钩虾科 |
| 71 | 窄异跳钩虾 | *Allorchwstes angusta* | 节肢动物门 | 玻璃钩虾科 |
| 72 | 施氏玻璃钩虾 | *Hyale schmidti* | 节肢动物门 | 玻璃钩虾科 |
| 73 | 强壮藻钩虾 | *Ampithoe valida* | 节肢动物门 | 藻钩虾科 |
| 74 | 酸浆贝 | *Terebratella coreanica* | 腕足动物门 | 酸浆贝科 |
| 75 | 奇异拟纽虫 | *Paranemertes peregrina* | 纽形动物门 | 拟纽虫科 |
| 76 | 锯吻仿分胞苔虫 | *Celleporina serrirostrata* | 苔藓动物门 | 分胞苔虫科 |
| 77 | 阔口隐槽苔虫 | *Cryptosula pallasiana* | 苔藓动物门 | 隐槽苔虫科 |
| 78 | 迈氏软苔虫 | *Alcyonidium mytili* | 苔藓动物门 | 软苔虫科 |
| 79 | 海燕 | *Asterina pectinifera* | 棘皮动物门 | 海燕科 |
| 80 | 张氏滑海盘车 | *Aphelasterias changfengyingi* | 棘皮动物门 | 海盘车科 |
| 81 | 正环沙鸡子 | *Phyllophorus ordinata* | 棘皮动物门 | 沙鸡子科 |
| 82 | 沙鸡子 | *Phyllophorus* | 棘皮动物门 | 沙鸡子科 |
| 83 | 海棒槌 | *Paracaudina chilensis* | 棘皮动物门 | 尻参科 |
| 84 | 长尾异赛瓜参 | *Allothyone longicauda* | 棘皮动物门 | 沙鸡子科 |
| 85 | 仿刺参 | *Apostichopus japonicus* | 棘皮动物门 | 刺参科 |
| 86 | 紫蛇尾 | *Ophiopholis mirabilis* | 棘皮动物门 | 辐蛇尾科 |
| 87 | 金氏真蛇尾 | *Ophiura kinbergi* | 棘皮动物门 | 真蛇尾科 |
| 88 | 司氏盖蛇尾 | *Stegophiura sladeni* | 棘皮动物门 | 真蛇尾科 |
| 89 | 日本倍棘蛇尾 | *Amphioplus japonicus* | 棘皮动物门 | 阳遂足科 |
| 90 | 乳突皮海鞘 | *Molgula mahattensis* | 棘皮动物门 | 皮海鞘科 |
| 91 | 云鳚 | *Enedrias nebulosus* | 脊索动物门 | 锦鳚科 |
| 92 | 线虫 | nematoda | 线虫动物门 | |

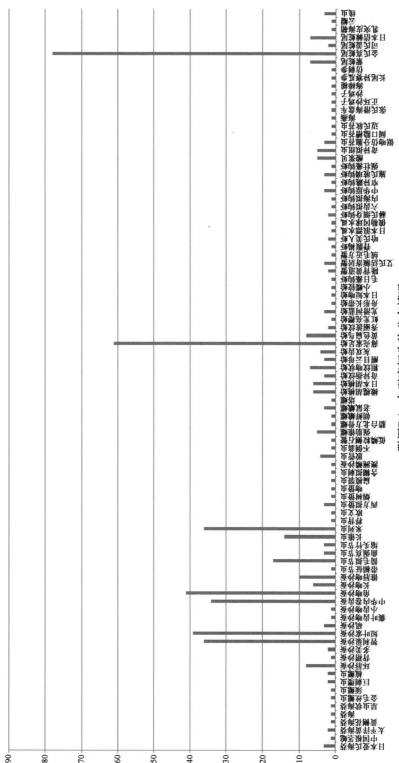

附图7-1 大型底栖生物分布情况

# 第8章 大连海域渔业资源环境管理信息系统

## 8.1 建设内容

### 8.1.1 指导思想

以习近平新时代中国特色社会主义思想为指导，走高质量发展之路，以《中华人民共和国海域使用管理法》《辽宁省人民政府关于促进辽宁海洋渔业持续健康发展的实施意见》和《大连市海洋资源开发利用"十二五"规划》为依据，围绕海洋与渔业综合管理对信息化工作的要求，坚持面向海洋渔业管理和社会服务，遵循"统一领导、统筹规划，整合资源、强化应用"的建设方针，以需求为导向，以应用促发展，以绩效为标准，求真务实，开拓创新，全面开展大连市海洋渔业信息化建设工作。以海洋渔业信息化建设带动海洋渔业信息技术跨越式发展和海洋渔业管理方式的根本转变，全面提升大连市海洋渔业管理与服务水平。

### 8.1.2 建设原则

大连海域渔业资源环境管理信息系统建设遵循"统筹规划、分步实施，突出重点、注重实效，盘活资源、共建共享，统一标准、保证质量、安全保密"的总体原则展开。

1. 按照"统筹规划、分步实施"的原则

在海洋与渔业管理信息基础框架建设总体实施原则指导下，结合大连市实际特点，综合考虑各方面需求，对海洋渔业管理信息化建设进行总体规划，防止各自为政，避免重复建设；同时，海洋渔业管理平台建设是一项难度大、创新性高的系统工程，要根据轻重缓急，分步实施，有序推进海洋与渔业信息化建设工作。

2. 坚持"突出重点、注重实效"的原则

针对海洋渔业管理特别是海洋、渔业专题应用信息系统建设涉及范围广、技术复杂的特点，必须以需求为牵引，以应用为目标，从满足海洋渔业综合管理工作需要出发，突出重点，集中力量建设海洋渔业综合管理工作所急需的应用系统；同时注重系统实效，根据海洋渔业综合管理工作的实际需要确定系统功能。

3. 坚持"盘活资源、共建共享"的指导思想

梳理、整合现有海洋渔业信息资源，建立海洋系统各单位之间海洋渔业信息资源共享机制，对于 GIS 基础数据，原则上直接采用大连市海洋与渔业局提供的平台及资源，避免重复投资，最大限度地发挥海洋渔业信息的利用效益。

4. 遵循"统一标准、保证质量、安全保密"的原则

大连海域渔业资源环境管理信息系统的建设，需要与众多下属单位及外部单位进行信息共享，因此，建立统一的数据交换标准，是解决信

息互联互通的关键。同时，海洋渔业资源涉及国家领土完整，数据保密性，因此，在充分应用相关数据的同时，必须做好数据的安全、保密工作，最大限度地保证信息的共享、准确和安全。

### 8.1.3  总体目标

大连海域渔业资源环境管理信息系统的总体目标是：立足为海洋渔业经济建设服务、为海洋渔业管理服务、为政府决策服务，在"统筹规划、分步实施，统一平台、资源共享，有限目标、面向服务，统一管理、安全保密，着眼业务化和实际应用"基本思路的指导下，以海域渔业资源环境信息系统建设为核心，以海洋渔业专题信息应用系统建设为主体，项目分多期陆续建成集"渔业资源环境 GIS"模块、"渔业资源大数据"模块、"渔业资源保护与建设"模块、"渔业经济 GIS"模块、"水产养殖病害预测报"模块、"数字渔业管理"模块为一体化，全市海洋系统上下贯通、左右连接、运转协调、便捷高效、完整的大连海洋渔业资源管理信息系统。其中在"大连南部海域渔业资源环境普查 I 期工程"中要完成"渔业资源环境 GIS"模块的开发，同时为后续相关功能模块的开发与建设预留充足的平台接口，保证系统的扩展性与适用性。最大限度地发挥海洋渔业信息资源在经济和社会发展中的作用，使海洋渔业信息化能力和水平适应大连市海洋经济快速发展的需要。

### 8.1.4  建设内容

大连海域渔业资源环境管理信息系统在"大连南部海域渔业资源环境普查 I 期工程"中的建设内容是：完成大连海域渔业资源环境管理信息系统软件平台建设，实现"渔业资源环境 GIS"模块的功能开发，完成数据中心、数据库和安全体系的建设。在模块中集成本项目调查的所有数据指标，实现指标的分类化管理，采用目前国际主流的地理信息系统平台建设大连海域渔业资源环境管理信息系统的调查指标数据库、空间信息数据库、矢量信息数据库、属性信息数据库、文件信息数据库、项目成果数据库，实现基于 COM 组件对象的 GIS 系统，能处理"大连南部海域渔业资源环境普查 I 期工程"中涉及的多源、多尺度、海量调查数据和空间地理信息数据，同时对数据进行基本处理、信息提取、快速分析，使用多源、多尺度、海量调查数据和空间地理信息数据能够生成"大连南部海域渔业资源环境普查 I 期工程"中相关调查指标的专题图，开发快速、准确、可靠、实用、友好的人–机交互界面操作，同时为后续相关功能模块的开发与建设预留充足的平台接口。

## 8.2　总体规划

### 8.2.1　系统框架

大连海域渔业资源环境管理信息系统总体框架是以标准、制度和安全体系为保障，以海洋渔业各类数据库为基础，以市、县、站三级海洋与渔业信息网络为纽带，以海洋与渔业各项管理业务流程信息化为主线，形成互联互通，贯穿上下的政务管理、决策支持和社会服务信息化体系，总体框架结构如图 8–1 所示。

1. 网络层

建立大连市海洋与渔业局内部局域网，利用市、县、站海洋渔业系统专网，支撑大连海域渔业资源环境管理信息系统在政府渔业系统内部

图 8-1　大连海域渔业资源环境管理信息系统总体框架结构

的运行；借助大连市海洋与渔业局各级信息平台，完善和健全大连市海洋渔业基础网络平台，支撑海洋渔业纵向业务的网上运行。

## 2. 数据层

以调查指标基础数据、空间数据、矢量数据、属性数据、渔业基础数据、管理数据、文件信息数据等各类数据为核心，依托成熟的数据库管理系统和 GIS 平台，按照国家统一标准，建立具有数据管理、数据处理和数据存储等功能一体化的大连市海洋渔业数据中心，提供业务系统运行所需的基础数据、业务数据和成果数据支撑。

## 3. 应用支撑层

建立大连海域渔业资源环境管理信息系统的应用软件支撑平台。通过电子政务运行支撑环境对业务应用系统进行管理、运行和维护。统一部署全市海洋渔业数据交换平台，实现海洋渔业数据的纵向交换和共享，实现市级横向部门的数据交换。

4. 业务层

围绕海洋渔业资源管理、海洋渔业环境信息管理、海洋渔业经济管理、海洋环境保护、数字渔业等业务领域，建成"渔业资源环境 GIS"模块、"渔业资源大数据"模块、"渔业资源保护与建设"模块、"渔业经济 GIS"模块、"水产养殖病害预测报"模块、"数字渔业管理"模块，统一形成纵向、横向和对外的海洋渔业资源信息服务系统。

5. 操作层

利用门户网站技术建立对内的大连海洋渔业资源环境信息系统门户网站，实现各级海洋渔业管理部门信息共享，让相关政府工作人员、项目工作小组能够通过统一的平台操作方法操作及共享平台资源，使软件系统能够更好地为相关政府部门提供服务。

## 8.2.2　主要建设内容

根据国家和辽宁省海洋与渔业信息化建设基础框架并结合大连市海洋渔业的管理需求、海洋渔业信息化建设实际，"大连海域渔业资源环境管理信息系统"主要建设内容包括大连海域渔业资源环境管理信息系统软件平台、业务应用模块、数据中心、数据库和安全系统五个方面。

1. 系统软件平台建设

"大连南部海域渔业资源环境普查 I 期工程"项目中要完成大连海域渔业资源环境管理信息系统软件平台的建设，平台是整个渔业信息系统建设的重点，也是应用系统的承载平台。

2. 业务应用模块建设

在大连海域渔业资源环境管理信息系统软件平台建设的基础上，搭载"渔业资源环境 GIS"模块、"渔业资源大数据"模块、"渔业资源保护与建设"模块、"渔业经济 GIS"模块、"水产养殖病害预测报"模块、"数字渔业管理"模块，共六大功能模块。其中在"大连南部海域渔业资源环境普查 I 期工程"中要完成"海洋渔业资源环境 GIS"模块的开发，实现信息收集、信息查询、信息处理等方面的建设内容，同时为后续相关功能模块的开发与建设预留充足的平台接口，保证系统的扩展性与适用性。其他功能模块在后续项目建设中根据需求和项目资金逐渐完善。业务应用模块的功能界面如图 8-2 所示。

3. 数据中心建设

建设满足大连海洋大学和项目成员单位之间各类数据处理、存储管理、运行和交换需要的硬件基础环境。同时，建设统一配置、管理各类数据的数据集成管理平台，实现数据的可视化管理和服务。在大连市海洋与渔业局数据中心建设数据交换系统，实现海洋与渔业纵向和横向的数据交换与共享。

图 8-2　大连海域渔业资源环境管理信息系统业务模块功能界面

### 4. 数据库建设

根据统一规划，结合大连市海洋与渔业局的实际情况，对大连海域渔业资源环境管理信息系统的数据库进行建设，用以支撑业务应用系统的运行、数据综合分析和数据共享服务，同时建设基础数据管理及维护系统。

### 5. 安全系统建设

按照国家安全等级的要求，建立大连海域渔业资源环境管理信息系统综合管理平台安全体系，配置防火墙、网络入侵检测、VPN、WEB防篡改、漏洞扫描系统、过滤控制、非法拨号监控、防垃圾邮件等安全设施。

## 8.2.3　系统软件平台建设

大连海域渔业资源环境管理信息系统软件平台是应用系统的承载平

台，系统上搭载"渔业资源环境 GIS"模块、"渔业资源大数据"模块、"渔业资源保护与建设"模块、"渔业经济 GIS"模块、"水产养殖病害预测报"模块、"数字渔业管理"模块，共六大功能模块。信息系统软件平台统一管理数据库的数据实体，为各类海洋渔业应用系统服务。依托软件平台，构建各类业务应用模块，实现各级各类业务系统的相互衔接和业务联动。软件平台结构如图 8-3 所示，软件平台登录界面如图 8-4 所示。

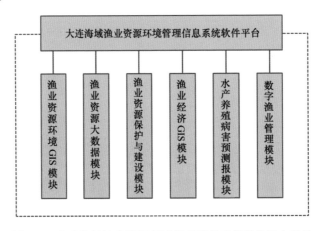

图 8-3　大连海域渔业资源环境管理信息系统软件平台结构

### 8.2.4　GIS 模块建设

大连海域渔业资源环境管理信息系统软件平台中的"渔业资源环境 GIS 模块"是系统中最重要的模块，也是"大连南部海域渔业资源环境普查 I 期工程"建设的主要内容。"渔业资源环境 GIS"模块的功能结构如图 8-5 所示。

在该模块中集成本项目调查的所有数据指标，实现指标的分类化管理，采用目前国际主流的地理信息系统平台建设大连海域渔业资源环境

图 8-4　大连海域渔业资源环境管理信息系统软件平台登录界面

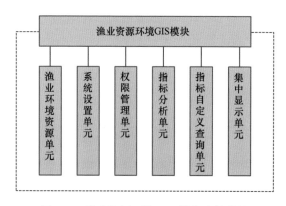

图 8-5　渔业资源环境 GIS 模块功能结构

管理信息系统的调查指标数据库、空间信息数据库、矢量信息数据库、属性信息数据库、文件信息数据库、项目成果数据库，实现基于 COM 组件对象的 GIS 系统，能处理"大连南部海域渔业资源环境普查 I 期工程"中涉及的多源、多尺度、海量调查数据和空间地理信息数据，同时对数据进行基本处理、信息提取、快速分析，使用多源、多尺度、海量调查数据和空间地理信息数据能够生成"大连南部海域渔业资源环境普查 I 期工程"中相关调查指标的专题图，开发快速、准确、可靠、实用、友好的人-机交互界面操作。"渔业资源环境 GIS"模块的界面如图 8-6 所示。

图 8-6　渔业资源环境 GIS 模块界面

### 1. 渔业资源环境单元

实现了以下主要功能：①基于 GIS 的地理信息系统建设，能处理多源、多尺度、海量调查数据和空间地理信息数据，能够生成相关调查指标的专题图；②对数据指标的查询、分类、导出、上传等进行管理；③对历史数据通过饼图、柱状图进行多样分析。渔业资源环境单元的结构如图 8-7 所示。

### 2. 系统设置单元

实现了以下主要功能：①对指标的集中管理，可以增加/删除/修改指标类型和指标分类；②对站位的集中管理，可以增加/删除/修改站位类型；③增加/删除/修改行政区分类；④对项目名称及项目内容进行修改。系统设置单元的结构如图 8-8 所示。

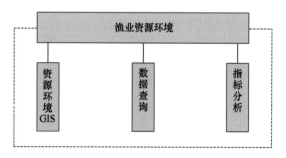

图 8-7　渔业资源环境单元结构

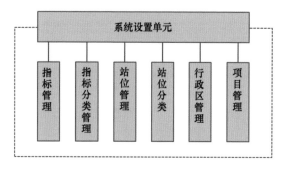

图 8-8　系统设置单元结构

## 3. 权限管理单元

实现了以下主要功能：①管理人员的权限信息；②查看工作日志；③实现组织机构设置；④模块管理以及角色管理。权限管理单元的结构如图 8-9 所示。

## 4. 指标分析单元

实现了以下主要功能：①针对水文环境指标、海水化学指标、海洋沉积物指标和海洋生物资源指标等调查成果数据的专题图直接生成；

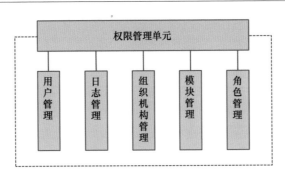

图 8-9　系统设置单元结构

②以放大、缩小、漫游、全景等功能为主的地图操作功能。

5. 指标自定义查询单元

实现了以下主要功能：①自选区域查询，通过圆搜和矩搜范围查询站位信息；②根据年份和指标自定义查询站位信息；③根据站位的指标数据查询站位信息。

6. 集中显示单元

实现了以下主要功能：①查看基于 GIS 的地图信息；②查看调查站位的分布情况；③查看由调查数据指标生成的 GIS 专题图；④饼图、柱状图、曲线图的生成；⑤专题图表现形式的多样化设置。在集中显示单元中显示的系统 GIS 专题如图 8-10 所示。

8.2.5　数据中心建设

依托市、县、站三级海洋与渔业主管部门和项目组成员单位，将各类调查数据、管理决策有关的基础数据、管理数据和成果数据统一集中管理，为各类业务系统的运行提供数据支撑，建立大连海域渔业资源坏境管理信息系统数据中心。数据中心的组织结构如图 8-11 所示。

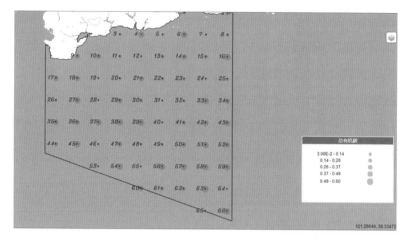

图 8-10　系统显示的 GIS 专题

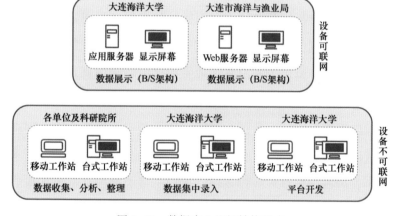

图 8-11　数据中心组织结构形式

以渔业资源环境各类数据为核心，依托成熟的数据库管理技术和 GIS 技术，按照统一的标准，建立具有数据管理、维护、处理、加工、存储、备份等功能一体化的海洋资源数据中心，数据中心的设备分为可联网设备和不可联网设备两大类，其中不可联网设备用于数据收集、分析、整理，数据的集中录入、平台的开发，可联网设备用于数据存储汇总及数据展示。为各类数据集中提供数据存储和管理平台，为各类业务系统提供数据支持，通过数据交换体系，完成各类数据的更新。

数据中心按照集中管理的模式进行建设，各类调查数据、基础数据、行政审批数据和决策支持数据等最终都要统一集中到大连市海洋与渔业局数据中心，并制订数据汇交、更新、使用和发布的管理制度和办法。

### 8.2.6 数据库建设

大连海域渔业资源环境管理信息系统数据库按照国家、辽宁省海洋与渔业数据库仓库建设的统一要求，通过补充历史数据以及其他相关数据，统一数据标准与规范，建立调查指标数据库、空间信息数据库、矢量信息数据库、属性信息数据库、文件信息数据库、项目成果数据库及数据库管理系统，满足大连海域渔业资源环境管理信息系统对数据的需求。数据库的结构如图8-12所示。

数据库管理采取统一管理和维护。为了便于数据库的统一管理与维护，将数据存储和应用开发分开，面向不同的具体需求，开发便于数据维护和更新的基础数据库管理系统。同时形成有效的数据更新机制，数据更新依赖于基层日常数据采集的基础数据库，采用自下而上的更新方式，由下级数据管理部门负责日常数据采集更新，通过增量备份的方式定期逐级向上更新数据库，经过政府相关部门统一审核后进入系统中。

### 8.2.7 安全系统建设

安全系统建设按照国家有关电子政务安全策略、法规、标准和管埋

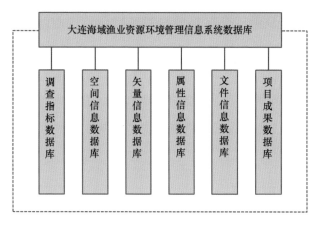

图 8-12　大连海域渔业资源环境管理信息系统数据库结构

要求进行，以风险评估和需求分析为基础，坚持适度安全、技术与管理并重、分级与多层保护和动态发展等原则，保证网络与信息安全和政府监管与服务的有效性。安全系统建设内容包括信息安全管理规章制度、应用安全、系统安全、网络安全、物理安全和 CA 认证等方面的建设内容。安全系统设计按照基础设施层、数据访问层、信息交换层和应用层划分层次，如图 8-13 所示。

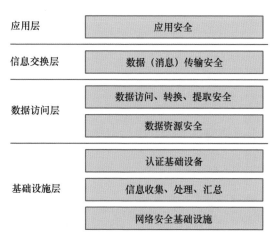

图 8-13　安全系统层次

建立包括防火墙、入侵检测、漏洞扫描、安全审计、病毒防治、Web 信息防篡改、非法拨号监控、过滤控制、物理安全在内的基本安全防护系统。

对重要海洋与渔业基础、空间管理数据，建立存储和备份机制，在项目建设的后期，在资金许可的基础上，可以考虑对重要数据进行异地灾备。

## 8.3 关键技术

### 8.3.1 总体技术线路

优先采用面向服务的技术构架及电子政务平台思想，强调技术的实用性、安全性、可靠性、先进性，保障系统的可扩充性、易维护性、开放性和统一性。

在数据资源建设方面，采用主流 GIS 平台、大型数据库等技术，按照统一标准建设与整合各类数据库，通过集中与分布式管理相结合、多级备份、相对独立的数据管理机制实现数据的统一管理与维护，实现数据的共享与互联互通。

在应用系统建设方面，统筹规划，采用电子政务平台搭建海洋与渔业资源业务应用系统；通过统一数据交换系统实现业务应用系统的横向集成。

在主机和核心网络建设方面，采用双机机制，保障核心数据和网络24 小时的不间断运行。

### 8.3.2 关键技术

大连海域渔业资源环境管理信息系统在总体技术实现上，采用基于

J2EE 平台的三层分布式应用体系结构，将用户界面、业务逻辑与数据资源等进行有效的分离，以保障系统具有良好的扩展性和稳定性。

系统的建设在技术选择上存在两种模式：业务应用系统的建设总体上基于 J2EE 技术路线，采用 B/S 结构。系统建设利用面向服务的思路建立统一的业务模型，利用海洋渔业资源电子政务软件平台搭建；部分后台管理系统及数据处理系统，可基于 . Net 技术实现。

系统建设采用 B/S 结构通过统一界面系统进行应用系统界面的整合与集成，实现应用系统统一界面管理及单点登录。

系统应用服务器的选择可以根据应用和投资的需要进行选择，如系统基于 J2EE 技术架构建设，则需要选择和部署 J2EE 应用服务器，如 TOMCAT、WebLogic 等；如系统基于 . Net 技术架构建设，则需要选择和部署 . Net 应用服务器。

系统提供完整的身份认证及授权访问控制的方案。应用系统建立在目录服务器（LDAP）实现用户的统一管理；提供跨系统单点一次登录的功能。当前主要通过传统的"用户名+口令"的方式进行用户身份验证，数据交换体系采用 XML 技术标准进行建设，通过数据交换适配器的模式实现数据的共享和交换。

整个应用平台建设基础框架的信息系统开发将参考 CMM2 级标准，采用了符合 RUP（统一软件开发过程）的软件开发方法进行开发。UML 即统一建模语言，是用来说明面向对象开发系统的产品，为系统建模、描述系统架构、描述商业架构和过程的标准建模语言。UML 采用全图形表示，定义了用例图、类图、对象图、包图、状态图、活动图、顺序图、合作图和实现图，从功能、实体的静态、动态、行为交互以及系统实现等方面出发对系统做严格和清晰的规格说明。

系统开发过程中，总结出一个适合于海洋与渔业信息系统的系统分析和设计模式：首先，进行系统业务功能的需求分析，由业务功能用例来驱动业务系统动态建模；其次，从动态模型进行功能分解和归并，形成软件功能用例，由软件功能用例定义各功能模块具体参与的实体对象和实现过程。最后，再依据类图和序列图进行系统的代码编程和配置管理等。

# 第9章 评价结论

大连南部海域的岸线较长，海湾、海岛众多，具有优越的区位条件、宜人的气候资源、深厚的人文底蕴、丰富的渔业资源和环境优势、美不胜收的旅游资源和高度富集的海洋空间资源。有利于旅游业基础快速发展，为休闲渔业的发展提供了广阔的空间。

## 9.1 水文环境分析结论

参与水文环境分析的因子有水深、水色、水温、盐度、pH、浊度、透明度。本项目水文监测共布设 14 个站位，其中 1 号和 2 号站位是特殊功能区，3 号站位是海洋保护区，其他站位是保留区。

1. 水深

水深作为水文环境的基本要素是水体自由断面到其河床面的垂直距离，是水文特征值之一，受潮汐和其他因素影响。水深测量是水下地形测量的基本方法。它是测定水底各点平面位置及其在水面以下的深度，是海道测量和海底地形测量的基本手段。根据监测点位的布设情况，本次调查所有监测站位的水深测值为 26~70 m，其中深度在 40~49 m 区间的站位占比较高，其次是深度在 50~59 m 区间的站位和 60~69 m 区间的站位，20~29 m 区间水深的站位最少，水深平均值为 51 m。

## 2. 水色

水色是海水本身物理特性之一，由水中溶解物质、悬浮颗粒及浮游生物的存在形成，其中浮游生物的种类和数量是反映水色的主要因素。由于浮游生物中的诸多浮游植物，其体内含有不同的色素细胞，当其种类和数量发生变化时，池水就呈现不同的颜色与浓度，随着时间的推移和天气的变化，以及水生浮游植物存活及世代交替，水生浮游植物的种群种类和数量亦发生变化，水色也因而发生变化。水色由海水的光学性质决定。不同点位监测数据显示春季水色测值为3~5，平均值为3.43；夏季水色测值为3~5，平均值为3.36；秋季水色测值为4~12，平均值为6。水色随着春、夏、秋3个季节的变化有整体增加的趋势，大多集中在2~6区间。

## 3. 水温

水温是反映海水热状况的基础物理量，也是影响水体中各种污染物质化学、生化反应的主要因素。不同点位监测数据显示春季表层水温测值为10.9~13.1℃，平均值为12.11℃，底层水温测值为9.4~11.8℃，平均值为10.88℃；夏季表层水温测值为24.3~27.2℃，平均值为25.36℃，底层水温测值为24.2~26.4℃，平均值为25.05℃；秋季表层水温测值为16.4~17.6℃，平均值为17.10℃，底层水温测值为16.4~17.2℃，平均值为16.78℃；冬季表层水温测值为2.5~6.3℃，平均值为4.14℃，底层水温测值为2.3~6.8℃，平均值为3.27℃。全年水温测值为2.3~27.2℃，平均值为4.31℃。通过表、底层分布区间比较可以发现，春季表层与底层温度变化明显，差异大致为2℃，其他三个季节变化不大，基本在同一区间。

4. 盐度

盐度是海水中含盐量的一个标度，是海水的重要特性之一，是研究海水的物理过程和化学过程的基本参数。海洋中发生的许多现象和过程，常与盐度的分布和变化有关，盐度的分布主要受地表径流、降雨、蒸发的影响。监测数据显示春季表层盐度测值为 31.831 5～32.436 5，平均值为 32.29，底层盐度测值为 32.135～32.433，平均值为 32.30；夏季表层盐度测值为 31.407～32.561，平均值为 32.34，底层盐度测值为 32.144～32.439，平均值为 32.36；秋季表层盐度测值为 31.939～32.379，平均值为 32.14，底层盐度测值为 31.745～32.144，平均值为 31.93；冬季表层盐度测值为 32.236～32.441，平均值为 32.35，底层盐度测值为 32.304～32.434，平均值为 32.35。全年盐度测值为 31.407～32.561，平均值为 32.26。通过表、底层比较发现，底层盐度测值随着季节变化出现下降的趋势比表层盐度测值的下降趋势更为明显。

5. pH

pH 是最常用的水质指标之一，海水 pH 值是测量海水酸碱度的一种标志。海水由于弱酸性阴离子的水解作用而呈弱碱性。一般来说海水 pH 测值变化不大，多集中在 7.9～8.4。表层海水通常稳定在 8.1±0.2，中、深层海水一般在 7.5～7.8 变动。通过对不同站点不同季节的监测，春季表层 pH 测值为 7.92～7.98，平均值为 7.95，底层 pH 测值为 7.93～7.98，平均值为 7.96；夏季表层 pH 测值为 7.92～7.99，平均值为 7.95，底层 pH 测值为 7.91～7.99，平均值为 7.95；秋季表层 pH 测值为 7.95～8.03，平均值为 8.00，底层 pH 测值为 7.95～8.02，平均值为 7.99；冬季表层 pH 测值为 7.94～8.02，平均值为 7.99，冬季底层没有实测 pH。各站位全年表、底层 pH 测值为 7.91～8.03，pH 均优于《海水水质标准》第一类水质标准。总体来说，表层和底层 pH 都随着季节变化出现整体上升的趋势。

## 6. 浊度

浊度表现为水中悬浮物对光线透过时所发生的阻碍程度，因此浊度的大小不仅与水体中的悬浮物有关，而且与其颗粒大小、形状和表面积有关。监测数据显示春季表层浊度测值为 0.244～0.421，平均值为 0.32，底层浊度测值为 0.164～0.469，平均值为 0.33；夏季表层浊度测值为 0.243～0.421，平均值为 0.31，底层浊度测值为 0.165～0.47，平均值为 0.33；秋季表层浊度测值为 0.275～0.688，平均值为 0.39，底层浊度测值为 0.194～0.882，平均值为 0.64；冬季表层浊度测值为 0.436～1.03，平均值为 0.82。总体来说，表、底层浊度都随季节变化出现整体上升趋势。

## 7. 透明度

海水透明度是说明海水能见度的一种量度。透明度主要反映水体的澄清程度。海水透明度受水体光学性质等诸多因素制约，水中悬浮物和胶体颗粒物越多，其透明度就越低。春季透明度测值为 4～7.5 m，平均值为 6.14 m；夏季透明度测值为 5～10.5 m，平均值为 7.8 m；秋季透明度测值为 1.5～9 m，平均值为 6.38 m；冬季透明度测值为 1.3～5 m，平均值为 3.44 m；全年透明度测值为 1.3～10.5 m，平均值为 5.94 m。总体来说，透明度随着季节变化出现整体下降的趋势。

水文要素的评价结果显示，调查海域水深测值集中在 40～49 m；水色随着季节的变化有整体增加的趋势；春季表层与底层温度变化明显，差异大致为 2℃，其他三个季节变化不大，基本集中在同一区间，夏季集中在 24~28℃，秋季集中在 14~18℃，冬季集中在 2~6℃；底层盐度随着季节变化出现下降的趋势比表层盐度的下降趋势更为明显；各站位全年表、底层 pH 测值为 7.91~8.03，pH 均优于《海水水质标准》第一类水质要求，且表、底层 pH 均随着季节变化出现整体上升的趋势；浊度范围为 0.164~1.03 m，表、底层浊度均随季节变化出现整体上升趋势。

## 9.2  海水化学指标评价结论

参与海水化学指标评价的因子有 pH、悬浮物、溶解氧、化学需氧量、无机氮、活性磷酸盐、汞、砷、铜、铅、镉、锌、铬、石油类、六六六、滴滴涕、总氮、总磷、亚硝酸盐、硝酸盐、氨氮、活性硅酸盐、有机碳、颗粒有机物和颗粒有机碳。

1. pH

海水 pH 是测量海水酸碱度的一种标志，海水 pH 变化不大，一般为 8.0~8.5，表层海水通常稳定在 8.1±0.2，底层海水一般在 7.5~7.8 之间变动。采用单因子标准指数法对海域水质 pH 进行评价，结果表明表层水体中 pH 均优于《海水水质标准》第一类水质要求，底层水体中 pH 均优于《海水水质标准》第一类水质要求。

2. 有机物污染（化学需氧量、溶解氧、悬浮物）

化学需氧量是水体有机污染的一项重要指标，能够反映出水体受还原性物质（有机物和亚硝酸盐、硫化物、亚铁盐等无机物）污染的程度，是表征水体有机污染程度的重要指标。根据测试方法不同分为铬法和锰法，海水中用锰法。通过单因子标准指数法对海域水质中化学需氧量进行评价，结果表明表层化学需氧量均优于《海水水质标准》第一类水质要求，底层化学需氧量均优于《海水水质标准》第一类水质要求。

溶解氧即为水体与大气交换或经化学、生物化学反应后溶于水中的分子态氧，其溶解度随水温的升高及水中含盐量的增加而降低。溶解氧的含量是衡量水体自净能力的一个指标。通过单因子标准指数法对海域水质溶解氧进行评价，结果表明表层溶解氧全部优于《海水水质标准》第一类水质的要求，底层溶解氧全部优于《海水水质标准》第一类水质的要求。

悬浮物指悬浮在水中的固体物质，包括不溶于水中的无机物、有机物及泥沙、黏土、微生物等。由于悬浮物是影响水体透明度的直接原因，因此水中悬浮物含量是衡量水污染程度的指标之一。通过对海域水质悬浮物评价结果分析，发现其主要呈现如下变化趋势：表层悬浮物春季、夏季和秋季基本维持在一个相对较高的水平，只有冬季悬浮物总体浓度偏低。底层悬浮物的整体含量由高至低的排序为秋季、夏季、春季。

3. 营养盐（氮、磷、硅）

营养盐一般指海水中无机氮、磷、硅元素构成的盐类，包括活性硅酸盐、活性磷酸盐和硝酸盐、亚硝酸盐以及铵氮，后三者合称无机氮。营养盐受海水运动和生物活动的影响，浓度随海区、深度和季节发生变化，是海洋初级生产力的制约因素。

大连南部海域海水营养盐主要包括溶解无机氮、活性磷酸盐以及活性硅酸盐。大连南部海域的营养盐主要来源于径流输入，其中活性磷酸盐含量较高，是影响大连南部海域海水水质的主要因素。

（1）氮

测定各种形态的含氮化合物，有助于评价水体污染和自净状况。通常对海域水质中关注的几种形态的氮是氨氮、亚硝酸盐、硝酸盐、有机氮、无机氮和总氮。近岸海域氮的来源主要是陆源性径流输入和海洋生物体的分解。

海水中的氨氮主要以游离氨（$NH_3$）和离子氨（$NH_4^+$）形式存在。根据监测数据对其变化趋势进行分析，表层氨氮随着季节变化不是很明显，底层氨氮在夏季时波动较大，其他三个季节底层氨氮随着季节变化不是很明显。

亚硝酸盐是氮循环的中间产物，存在形式很不稳定，在氧和微生物的作用下，可被氧化成硝酸盐。根据监测数据对其变化趋势进行分析，秋季各站位表层亚硝酸盐的含量普遍较高，其峰值出现在 2 号站位，其次是冬季各站位，春季和夏季表层亚硝酸盐含量相对较少；秋季各站位底层亚硝酸盐的含量普遍较高，其峰值出现在 2 号站位，其次是冬季各站位，春季和夏季表层亚硝酸盐含量相对较少。

硝酸盐是有氧环境中最稳定的含氮化合物，也是含氮有机化合物经无机化作用最终阶段的分解产物。根据监测数据对其变化趋势进行分析，表层硝酸盐含量冬季最高，峰值出现在 4 号站位，其次是春季，然后是秋季，含量最低的是夏季；底层硝酸盐含量冬季最高，峰值出现在 4 号和 9 号站位，其他三个季节底层硝酸盐含量均不高。

海水中的无机氮主要包括硝酸盐、亚硝酸盐及氨氮三种形态，是浮游植物生长繁殖所必需的营养盐。若其浓度过低，将成为浮游植物生长的限制因素，降低海洋初级生产力；若其浓度过高，将会导致富营养化和赤潮的发生，损害海洋生态环境。通过单因子标准指数法对海域水质无机氮进行评价，结果表明，表层无机氮全部优于《海水水质标准》第一类限值的标准，底层无机氮也全部优于《海水水质标准》第一类限值的标准。

水体总氮含量也是衡量水质的重要指标之一。根据监测数据对其变化趋势进行分析，表层总氮随着季节变化不明显；底层总氮随着季节变化也不是很明显。

（2）磷

磷是生物体组成和进行生命代谢过程中必不可少的元素。在海水中，磷主要以各种磷酸盐和有机磷等形式存在，是各类浮游植物生长的必要营养要素之一。

海水中的活性磷酸盐，是指在酸性介质中可以溶解的那一部分磷酸盐，它是海洋浮游植物繁殖和生长必不可少的营养要素之一，也是海洋生物产量的控制因素之一，它在全部生物代谢过程中起着重要作用。近岸海域磷酸盐的主要来源是陆源性径流输入和海洋生物体的氧化分解。通过单因子标准指数法对海域水质中活性磷酸盐进行评价，结果表明，表层活性磷酸盐春季、夏季和秋季都优于《海水水质标准》第一类水质的要求，冬季8个站位达标，6个站位超标，最大超标率为0.84；底层活性磷酸盐春季、夏季和秋季都优于《海水水质标准》第一类水质的要求，冬季11个站位达标，3个站位超标，最大超标率为0.59。

海水中总磷的含量是研究海洋生态环境的一项重要参数。根据监测数据对其变化趋势进行分析，冬季表层总磷含量明显优于其他季节，夏季最低，各站位所有测值都在其他三个季节之下。冬季底层总磷含量明显优于其他季节，夏季最低，各站位所有测值都在其他三个季节之下。

（3）硅

海洋中的硅主要以无机硅酸盐的形式存在。硅酸盐是海洋浮游植物必需的营养元素之一，尤其是硅藻类、放射虫和硅质海绵等基体构成中不可缺少的组分。硅藻通常是海洋浮游植物的主要优势类群，硅酸盐浓度的分布除受硅藻季节性变化的影响外，主要还受陆源输入的影响。根据监测数据对其变化趋势进行分析，表层活性硅酸盐含量在冬季时普遍偏高，然后是秋季，其次是春季和夏季，而且这两个季节差异不大；底层活性硅酸盐含量在冬季时明显高于其他季节，然后是秋季，其次是春季和夏季，而且这两个季节差异不大。

### 4. 重金属

重金属在海水中能与无机和有机配位体作用生成络合物和螯合物，使重金属在海水中的溶解度增大。重金属含量的变化直接反映水域的环境质量，是目前环境评价中的一个重要指标。海洋中的重金属既有天然的来源，又有人为的来源。天然来源主要通过陆地水土流失等途径将大量的重金属通过河流、大气或直接注入海中，构成海洋重金属的本底值。人为来源主要通过工业污水排放等途径将重金属搬运至海洋中。重金属污染物在海洋中一般经过物理、化学以及生物等迁移转化过程，通过食物链富集至人体内，造成极大的危害。本项目主要对汞、镉、铬、铅、砷、锌、铜集中代表性重金属进行评价。

通过单因子标准指数法对海域水质中各类重金属进行评价，结果表明汞优于《海水水质标准》第一类水质要求。镉优于《海水水质标准》第一类水质要求。铬优于《海水水质标准》第一类水质要求。铅优于《海水水质标准》第一类水质要求。砷显著优于《海水水质标准》第一类水质要求。铜个别站位超标，最大超标率为 0.34，出现在 12 号站位秋季水体中。锌优于《海水水质标准》第一类水质要求。总体来说，汞、镉、铬、铅、砷、锌含量极低，远低于《海水水质标准》相应的第一类水质标准要求，唯有铜在个别站位出现超标情况。

5. 石油类

由于石油是一种组成和结构十分复杂的物质，石油类是我国近海海域中除化学需氧量、氮、磷营养盐外的又一主要污染物质，主要来源于石油化工等相关企业排污和海上船舶排污（包括事故性排污）。通过单因子标准指数法对海域水质中石油类物质进行评价，结果表明石油类优于《海水水质标准》第一类水质要求。

6. 农药类

农药进入海洋后在海洋环境中持久存在，通过食物链在生物体内富集。在海洋环境中经常监测的有机氯农药主要有六六六和滴滴涕。通过单因子标准指数法对海域水质中六六六、滴滴涕进行评价，结果均未检出六六六、滴滴涕。

7. 海水有机物（有机碳、颗粒有机物、颗粒有机碳）

有机碳是以碳的含量表示水体中有机物质总量的综合指标。根据监测数据对其变化趋势进行分析，冬季有机碳的含量为 3.46~4.88。

颗粒有机物又称悬浮有机物，是呈悬浮固体分散于水体中的有机物质。根据监测数据对其变化趋势进行分析，颗粒有机物底层含量高于表层。

颗粒有机碳是指不溶解于水体中的有机颗粒物质，在碳循环中占重要地位。根据监测数据对其变化趋势进行分析，颗粒有机碳底层含量略高于表层。

综上可知，调查海域水体中 pH、化学需氧量、溶解氧、无机氮、汞、镉、铬、铅、砷、锌、石油类，均优于《海水水质标准》第一类水质要求，六六六和滴滴涕均未检出。活性磷酸盐个别站位超标，最大超标率为 0.84，出现在 9 号站位冬季表层水体中，5 号站位的冬季底层活性磷酸盐超标，其超标率为 0.59；铜个别站位超标，最大超标率为 0.34，出现在 12 号站位秋季水体中。

## 9.3　海洋沉积物综合评价结论

从各种途径进入海域的污染物质，在迁移过程中不断发生各种物理、化学变化，某些污染物直接溶于水并随水迁移、扩散，某些污染物质（如重金属和非粒子性有机物）通过吸附、沉淀等过程迅速转入沉积物，某些难溶性化合物（如多氯联苯、滴滴涕）则通过絮凝等过程与水体分离，最后亦沉淀于海底沉积物，因此地质中的重金属和难溶性有机物的含量通常比海水中要高几个数量级。

参与沉积物综合评价的因子有有机碳、石油类、铜、铅、锌、镉、汞、砷、硫化物、多氯联苯、总氮、总磷、多环芳烃和底质粒度。通过单因子指数评价，发现该海域底质中有机碳、石油类、铜、铅、锌、镉、汞、砷、硫化物，多氯联苯均优于《海洋沉积物质量》标准的第一类标准限值。

本研究调查海域海洋沉积物的各站位指标均优于《海洋沉积物质量》标准的第一类标准限值，通过单站位单项指标质量分级，单站位沉积物质量分级以及区域沉积物质量综合评价，可知调查海域沉积物综合评价质量为良好。

沉积物化学指标中有机碳、石油类、铜、铅、锌、镉、汞、砷、硫化物、多氯联苯通过单因子指数法评价可知，其均优于《海洋沉积物质量》标准中第一类标准限值，调查海域沉积物综合评价质量为良好。

# 9.4 生物资源评价结论

参与生物资源评价的因子有叶绿素、初级生产力、浮游植物、浮游动物、鱼类浮游生物、病原微生物、渔业资源和底栖生物。

## 1. 叶绿素

海水中的叶绿素含量可用作海水水域中浮游植物现存量的有效指标。对大连南部海域生物资源中叶绿素的评价结果表明，随着水体温度的升高，表层叶绿素含量和底层叶绿素含量均有显著下降趋势。而随着水体盐度的升高，表层叶绿素含量和底层叶绿素的含量均有少许上升的趋势。

## 2. 初级生产力

初级生产力是最基本的生物生产力，是海域生产有机物或经济产品的基础，亦是估计海域生产力和渔业资源潜力大小的重要标志之一。对大连南部海域生物资源中叶绿素的评价结果表明，四季的初级生产力最高值出现在 14 号站位的冬季，其次是 1 号站位和 9 号站位的春季，最低值出现在秋季的 2 号、3 号和 4 号站位。

## 3. 浮游植物

浮游植物是海洋中的初级生产者，是海洋动物直接或间接的饵料，是海流和水团的指示生物，能富集污染物质，在海洋渔业方面和环境保护研究中有着重要的意义。本研究调查共检出浮游植物 74 种，其中硅藻类 55 种，甲藻类 18 种，金藻类 1 种。春季共检出浮游植物 27 种，其中硅藻类 21 种，甲藻类 6 种。夏季共检出浮游植物 37 种，其中硅藻类 26 种，甲藻类 11 种。秋季共检出浮游植物 38 种，其中硅藻类 30 种，甲藻类 8 种。冬季共检出浮游植物 26 种，其中硅藻类 22 种，甲藻类 3 种，金藻类 1 种。浮游植物中硅藻占比最高。不同站位全年浮游植物生物数量随着季节的变化在冬季出现显著升高趋势，冬季浮游生物数量最多。

调查海域全年各站位浮游植物平均数量为 11 403 310 个，各站位数量波动范围为 5 069 325～19 760 350 个；春季各站位浮游植物平均数量为 312 071 个，各站位数量波动范围为 37 975～1 950 575 个；夏季各站位浮游植物平均数量为 339 666 个，各站位数量波动范围为 67 450～1 043 600个；秋季各站位浮游植物平均数量为 304 754 个，各站位数量波动范围为 108 000～684 500 个；冬季各站位浮游植物平均数量为 10 446 817个，各站位数量波动范围为 3 830 000～19 298 000 个。

调查海域浮游植物群落特征：各季节浮游植物种类平均为 41 种，各季节浮游植物种类波动范围为 34～50 种，最大值出现在夏季，为 50 种，最小值出现在冬季，为 34 种。

春季多样性指数平均值为 1.52，均匀度指数平均值为 0.29，丰度指数平均值为 2.07；夏季多样性指数平均值为 1.30，均匀度指数平均值为 0.23，丰度指数平均值为 2.77；秋季多样性指数平均值为 1.35，均匀度指数平均值为 0.25，丰度指数平均值为 2.51；冬季多样性指数平均值为 0.67，均匀度指数平均值为 0.13，丰度指数平均值为 1.43。

4. 浮游动物

浮游动物是中上层水域中鱼类和其他经济动物的重要饵料，对于渔业的发展有重要的意义。本项目调查海域共鉴定出浮游动物44种，其中棘皮动物门2种、节肢动物门27种、毛颚动物门1种、环节动物门1种、腔肠动物门9种、脊索动物门4种。浮游动物中节肢动物占比最大。

调查海域春季各站位浮游动物平均数量为26 524个，各站位数量波动范围为8 060~61 943个；夏季各站位浮游动物平均数量为7 966个，各站位数量波动范围为3 692~12 272个；秋季各站位浮游动物平均数量为5 599个，各站位数量波动范围为1 431~13 487个；冬季各站位浮游动物平均数量为3 014个，各站位数量波动范围为1 853~4 659个。

调查海域浮游动物群落特征：各季节浮游动物种类平均为26种，各季节浮游动物种类波动范围为19~34种，最大值出现在夏季，为34种，最小值出现在春季，为19种。春季多样性指数平均值为1.40，均匀度指数平均值为0.45，丰度指数平均值为1.26；夏季多样性指数平均值为1.80，均匀度指数平均值为0.35，丰度指数平均值为2.67；秋季多样性指数平均值为2.23，均匀度指数平均值为0.45，丰度指数平均值为2.46；冬季多样性指数平均值为1.79，均匀度指数平均值为0.41，丰度指数平均值为1.66。

5. 鱼类浮游生物

鱼类浮游生物是海洋生物的一个生态类群。本项目调查结果显示夏季鱼卵集中出现在5号、12号和13号站位，夏季仔鱼集中出现在4号和 9 号站位；秋季仔鱼集中出现在 2 号站位，其他站位没有。

6. 病原微生物（大肠杆菌、弧菌）

病原微生物大肠杆菌在夏季底层变化不是很明显，在夏季表层变化趋势较为明显，峰值出现在 1 号站位。病原微生物弧菌在夏季表、底层变化很明显，峰值均出现在 1 号站位，冬季表层弧菌只有 7 号、10 号和 13 号站位存在，峰值出现在 7 号站位。

7. 大型底栖生物

底栖生物是指栖息于海洋或内陆水域底内或底表的生物，是水生生物中的一个重要生态类型。本项目调查海域大型底栖生物共有 92 种，其中环节动物门 31 种，节肢动物门 15 种，腔肠动物门 6 种，软体动物门 20 种，纽形动物门 2 种，棘皮动物门 12 种，腕足动物门 1 种，苔藓动物门 3 种，脊索动物门 1 种，线虫动物门 1 种。

调查海域底栖生物数量较少，仅有一种优势种为薄壳索足蛤，其他动物优势指数均未大于 0.02，其中，出现频率最高的生物为金氏真蛇尾，出现率也仅为 51%，其他生物出现频率均不超过 40%。

本项目调查海域大型底栖生物总数量为 1 664 个，其中环节动物门为 682 个，节肢动物门为 30 个，腔肠动物门为 19 个，软体动物门为 552 个，纽形动物门为 5 种，棘皮动物门 12 种，腕足动物门 1 种，苔藓动物门 3 种，脊索动物门 1 种，线虫动物门 1 种。调查海域大型底栖生物平均生物量为 103 $g/m^2$。

调查海域大型底栖生物全年多样性指数为 3.84，均匀度指数为 0.59，丰度指数为 8.50。

## 9.5 大连海域渔业资源环境管理信息系统结论

大连海域渔业资源环境管理信息系统软件平台建设,实现了"渔业资源环境 GIS"模块的功能开发,完成了数据中心、数据库和安全体系的建设。在模块中集成本项目调查的所有数据指标,实现指标的分类化管理,采用目前国际主流的地理信息系统平台建设大连海域渔业资源环境管理信息系统的调查指标数据库、空间信息数据库、矢量信息数据库、属性信息据库、文件信息数据库、项目成果数据库,实现基于 COM 组件对象的 GIS 系统,能处理"大连南部海域渔业资源环境普查 I 期工程"中涉及的多源、多尺度、海量调查数据和空间地理信息数据,同时对数据进行基本处理、信息提取、快速分析,使用多源、多尺度、海量调查数据和空间地理信息数据能够生成"大连南部海域渔业资源环境普查 I 期工程"中相关调查指标的专题图,开发快速、准确、可靠、实用、友好的人-机交互界面操作,同时为后续相关功能模块的开发与建设预留充足的平台接口。